U0306153

　　科学环境友好的包装，是农产品
内在品质的外延彰显与功能拓展

　　清晰透彻亲和的标识，是农产品
商品价值的内涵表达与文化升华

农产品
包装标识概论

农业农村部农产品质量安全中心　组编

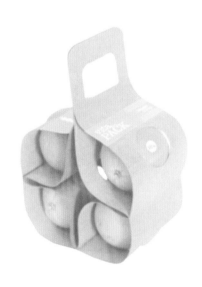

中国农业科学技术出版社

图书在版编目（CIP）数据

农产品包装标识概论 / 农业农村部农产品质量安全中心组编 . —北京：中国农业科学技术出版社，2019.5

ISBN 978-7-5116-4074-1

Ⅰ . ①农…　Ⅱ . ①农…　Ⅲ . ①农产品—包装—产品标识—概论

Ⅳ . ① F762.03

中国版本图书馆 CIP 数据核字（2019）第 049130 号

责任编辑　崔改泵
责任校对　马广洋

出　　版　中国农业科学技术出版社

　　　　　北京市中关村南大街 12 号　　邮编：100081

电　　话　（010）82109194（编辑室）　　（010）82109702（发行部）

　　　　　（010）82109709（读者服务部）

传　　真　（010）82106650

网　　址　http：//www.castp.cn

经　　销　各地新华书店

印　　刷　北京地大天成印务有限公司

开　　本　787mm×1 092mm　1/16

印　　张　16.75

字　　数　338 千

版　　次　2019 年 5 月第 1 版　　2019 年 5 月第 1 次印刷

定　　价　128.00 元

《农产品包装标识概论》编委会

目 录

第一章 国内外农产品包装标识概述 1

第一节 农产品包装标识与市场竞争力 1

一、农产品包装标识的基本内涵 1

二、农产品包装标识的重要作用 3

第二节 国内农产品包装标识应用现状 6

一、农产品包装行业分析 6

二、农产品包装标识的应用现状· 6

第三节 发达国家农产品包装标识应用现状 13

第二章 农产品包装标识法律法规 16

第一节 国内农产品包装标识法律法规与标准 16

一、农产品包装标识相关法律法规 16

二、农产品包装标识相关标准 27

第二节 国外农产品包装标识法律法规与标准 29

一、包装材料法律法规 29

二、包装标识法律法规 33

第三章 主要农产品包装标识要求与应用示例 38

第一节 基本要求 38

一、包装材料 38

二、包装形式 39

三、标签的基本内容 39

四、包装与标识的综合应用及最佳设计 43

第二节　茶叶包装标识要求与应用示例 44

一、茶叶产品对包装的基本要求 44

二、包装材料 45

三、包装形式 53

四、标签（标识） 59

五、包装与标识的综合应用 60

六、问题、趋势与展望 64

第三节　水果包装标识要求与应用示例 65

一、水果产品对包装的基本要求 66

二、包装材料 66

三、包装形式 68

四、标签（标识） 73

五、包装与标识的综合应用 76

六、问题、趋势与展望 83

第四节　蔬菜包装标识要求与应用示例 89

一、蔬菜产品对包装的基本要求 89

二、包装材料 90

三、包装形式 95

四、标签（标识） 99

五、包装与标识的综合应用 102

六、问题、趋势与展望 107

第五节　粮食包装标识要求与应用示例 108

一、粮食产品对包装的基本要求 108

二、包装材料 112

三、包装形式 115

四、标签（标识） 117

五、包装与标识的综合应用 118

六、问题、趋势与展望 130

第六节　食用菌包装标识要求与应用示例 133

一、食用菌产品对包装的基本要求 133

二、包装材料 134

三、包装形式 138

四、标签（标识） 140

五、包装与标识的综合应用 144

六、问题、趋势与展望 151

第七节　奶产品包装标识要求与应用示例 152

一、奶产品对包装的基本要求 152

二、包装材料 153

三、包装形式 160

四、标签（标识） 163

五、包装与标识的综合应用 168

六、问题、趋势与展望 170

第八节　蜂产品包装标识要求与应用示例 172

一、蜂产品对包装的基本要求 175

二、包装材料 176

三、包装形式 183

四、标签（标识） 186

五、包装与标识的综合应用 187

第九节　水产品包装标识要求与应用示例 190

一、水产品对包装的基本要求 191

二、包装材料 192

三、包装形式 195

四、标签（标识） 199

五、包装与标识的综合应用 203

六、问题、趋势与展望 213

第四章　中国农产品包装标识部分骨干企业 217

企业之一　利乐公司 217

一、企业简介 217

二、主要业务领域和主要产品 218

企业之二　苏州华源控股股份有限公司 229

一、企业简介 229

二、主要产品简介 230

三、应用典型案例——蜂蜜与瓶盖的"天作之合" 233

企业之三 东莞泛达塑胶制品有限公司 235

一、企业简介 235

二、包装种类 236

企业之四 江苏一壶春创意茶事发展有限公司 238

一、企业简介 238

二、典型案例介绍 239

三、包装设计创意的体会 241

企业之五 河南省卫群科技发展有限公司 242

一、企业简介 242

二、公司产品介绍 242

企业之六 青岛泰聚恒新材料科技有限公司 250

一、企业简介 250

二、生鲜包装种类 251

三、水果包装种类 254

第一章 国内外农产品包装标识概述

第一节 农产品包装标识与市场竞争力

一、农产品包装标识的基本内涵

本书所指的农产品是食用农产品，包括初级产品和初级加工品。我国国家标准"农产品基本信息描述 总则"（GB/T 31738—2015）对农产品的定义是：来源于农业的初级产品，即在农业活动中获得的植物、动物、微生物及其产品。

（一）农产品包装的定义

关于包装的定义，世界各国都有不同的理解，表达方式也各有不同，但内涵大同小异。

美国包装专业技术人员协会（IOPP）对包装的定义是：使用适当的材料、容器，符合产品需求，依最佳成本，便于货物传送、流通、交易、储存与贩卖而实施的统筹整体系统的准备工作。

日本工业标准（JIS 101）对包装的定义是：便于物品输送与保管、维护商品的价值、保持其状态而以适当的材料或容器，对物品所实施的技术与状态。

我国国家标准"包装术语 基础"（GB/T 4122.1—2008）中指出：包装是为在流通过程中保护产品，方便储运，促进销售，按一定技术方法而采用的保护产品的容器、材料及辅助物品的统称；也指为了达到上述目的而采用容器、材料和辅助物的过程中施加一定技术方法等的操作活动。

（二）农产品标识的定义

我国国家标准《鲜活农产品标签标识》（GB/T 32950—2016）中对标签标识的定义是：在销售的产品、产品包装、标签或者随同产品提供的说明性材料上，以书写的、印刷的文字和图形等形式对产品所做的标示。

《鲜活农产品标签标识》（GB/T 32950—2016）对标识的定义为：食品包装上的文字、图形、符号及一切说明物。

从两个定义来看，标识就是产品的身份信息表征，后者涵盖的内容更全面一些。

（三）农产品包装标识的内涵

就农产品而言，其包装标识涵盖了4个不同层面的内容：

一是"包"。指对即将进入或已经进入流通和加工领域的农产品采用合适的材料加以保护。这一措施是农产品商品流通的重要条件。在流通过程中，粮食、肉类、蛋类、水果、茶叶、蜂蜜等农产品，用合适的材料以及技术对农产品进行保护后可以减少损耗，便于运输，节省劳动力，提高仓容，保持农产品卫生。

二是"装"。指针对不同的农产品选用合适的包装容器以及包装规格，避免过度包装和过简包装。

三是"标"。指根据有关法律法规和标准以及农产品的品质特征，在农产品的外包装上所附加的标签信息，包括产品名称、产地、生产者或者销售者名称、生产日期等；有分级标准或者使用添加剂以及属于转基因产品的，还应当标明产品质量等级或者添加剂名称或者标明转基因产品。也就是说，"标"就是标明农产品的"身份"，尊重消费者和下游购买者的知情权，同时也为农产品质量安全追溯提供基础信息。

四是"识"。指通过富有内涵而又美观的包装设计来展现农产品的品质特征，塑造农产品良好形象，提升农产品的品牌价值。

也可以这样理解，包装标识就是上述四个因素的综合体。农产品的包装就如人类的衣服，保暖遮羞是最基本的功能和目的，美化和形象塑造是延伸功能。农产品的包装，最基本功能是对农产品的保护，便于储运和消费，其次是美化和品牌塑造。因此，首先是因品（品种、品质）包装，选择适宜的包装材料和包装方式，使农产品得到保护、不受污染，便于储运和食用；其次是因季节、产地、消费习惯、民族文化（如宗教信仰）和环保要求等因素进行包装，以充分彰显品质特征、地域特色和文化内涵。同时，还要考虑包装材料的特性，如质地、成本、可循环利用等。

农产品标识和其他产品标识一样，基本功能是"身份证"，在包装上标明产品名称（含照片）、生产者、产地、规格、生产日期、保质期、商标等基本信息；其次是延伸信息，如产品特定的生产加工方式、产品质量认证信息、获奖信息、品牌初创时间以及追溯信息（二维码等）等信息。同时，依据国家有关法规和标准，准确、真实标示必需的产品信息，是对消费的科学引导，更是对消费者知情权的充分尊重。因此，依规标识是农产品包装标识的最基本要求。对农产品而言，《农产品包装和标识管理办法》和《预包装食品标签通则》是必须遵循的基本法律法规。

二、农产品包装标识的重要作用

（一）农产品包装标识是改善农产品整体形象，维护消费者权益和推进农业高质量发展的必然要求

包装首先是对农产品的保护，便于储运和消费，进而提升品质、树立品牌形象；标识提供可信、准确的产品信息，是对消费者的准确引导，也是对其知情权的尊重。推进农产品高质量发展，必须内外兼修，内提品质，外树形象。包装和标识就是外在形象，既不能过度，也不能过简。

目前我国农产品销售形势不容乐观，这与农产品的内在质量和外在包装有着极为密切的关系。尤其是，目前我国农产品包装整体水平不高甚至混乱，致使农产品的销售竞争力度明显不足。但是，我国农产品品种繁多、地域特色明显、地方名特优产品多，如果进一步重视农产品的包装，规范农产品的标识制度，对于改善农产品整体形象、提高农产品的市场竞争力、维护消费者权益和推进农业高质量发展具有重要的现实意义。

（二）作为品牌打造的主要手段

品牌是重要的无形资产，是一个企业、一个地区和一个国家经济实力的体现。商品的包装标识对品牌的培育有着重要作用，也是品牌价值的重要组成部分。随着人民生活水平提高以及品牌意识增强，消费者对品牌农产品的需求愈加旺盛，品牌农产品的市场空间逐步扩大，中国品牌农业建设将迎来黄金时期。目前我国农产品包装与品牌打造中存在的问题有：①经营者对包装与品牌打造意识差；②生产者对包装与品牌

打造意识差；③农产品包装低档、混乱等。

农产品一般都是以原生态形象出售，在农产品的品牌打造过程中，包装标识扮演了重要的角色。消费者接触农产品的第一印象往往就是包装，而包装可以迅速地展现农产品及其品牌信息，在品牌打造和推广上最具有说服力。因此，良好的农产品包装不仅可以有效地保护农产品，而且可以塑造农产品形象，宣传农产品品牌，有效引导消费者。

美国、日本等发达国家的农业发展比较成熟，针对农产品的包装，不仅精心设计，还有很完整的规范。发达国家的农产品包装无论是实用性、美观性还是性价比都非常高。以日本稻米包装为例，随着单身族在人群中的占比越来越高，一人份的小包装大米日益盛行，一些超市和网店开始销售一种 350mL PET 瓶包装的米，面向单身族和户外旅游者（图1-1）。精美的包装既是营销利器，也是一种品质体验和文化底蕴的展示。而我国农产品包装设计与品牌打造尚处于起步阶段，还有很长的一段路要走。

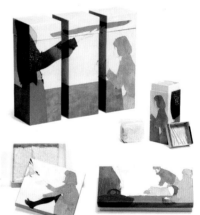

图1-1　日本大米包装

（三）作为绿色消费与环境保护的需要

农产品的消费量很大，包装材料是造成城镇，特别是大城市，环境污染的重要来源。这是目前全人类共同面临的问题。党的十九大报告中提出要实施可持续发展战略，积极保护生态环境，促进人与自然和谐共存。根据《中华人民共和国清洁生产促进法（2012 修正版）》的第二十条规定，"产品和包装物的设计，应当考虑其在生命周期中对人类健康和环境的影响，优先选择无毒、无害、易于降解或者便于回收利用的方案"。这从法律层面上明确地提出了包装的"低碳绿色"要求。但实际情况并不乐观，尚存在诸多问题，包括：①材质选择与低碳理念相矛盾；②包装方式缺乏统一参考标准；③包装效果呈现过度化的趋势等。

绿色包装是低碳理念下的一个具体实现途径，围绕端正商品价值取向、避免浪费、融入绿色发展等理念，考虑产品生命周期、消费者健康以及环境影响等诸多因素，简约化农产品包装，改善包装结构设计，降低农产品包装的成本，实现农产品包装资源的循环利用。

（四）作为技术贸易措施的重要形式，不断提高我国农产品的国际竞争力

我国是农产品生产大国，同时也是世界农产品进出口贸易第一大国。由于我国农产品进口关税较低等原因，最近 10 年来，我国农产品进口额快速增加，进口增长速度明显高于出口增长速度（图 1-2），这就迫切需要通过包括包装标识在内的技术性贸易措施来合理限制进口，促进出口。

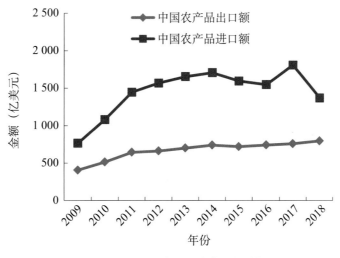

图1-2 2009—2018年我国农产品贸易情况

随着经济全球化和贸易自由化的发展，各国的关税水平大幅度降低，配额、许可证等非关税措施逐步取消，大大促进了国际贸易的发展。同时，为了各自的利益，很多国家利用技术性贸易措施所特有的技术性、针对性、隐蔽性作为贸易保护的手段，阻扰其他国家的产品进入本国市场。针对农产品包装，尽管目前已经有了 ISO 国际标准，但各个发达国家对包装材料的技术指标要求各不相同，并且大部分国家从维护本国国民利益出发，专门设定相关法律法规和标准，对进口商品包装加以更严格的要求和规定。这些日益严格的新标准、新要求，客观上促进了我国出口农产品及包装产业向更健康、更安全、更环保的方向发展，并使我国农产品产业逐渐纳入国际化、标准化的发展轨道。但是，从国家出入境检验检疫总局公布的信息中可以看到，因包装标识不符合进口国要求而发生贸易纠纷的事件屡屡发生。以 2018 年 5—6 月为例，5 月

4 号湖南长沙出口的绿茶和辽宁丹东出口的大豆，由于标签错误遭到美国 FDA 拒绝；5 月 18 号广东出口的一批果蔬、水产品，由于标签不合格遭美国 FDA 要求而被自动扣留；6 月 18 日英国 Sainsbury's 超市宣布召回一款中国出口的零食，因为该产品含有坚果成分（有过敏原），但标签未作说明。因此，国内出口农产品和食品加工企业应当按照出口国对包装标签标识规定，对出口农产品进行科学包装和正确标识，减少因包装标识不符而出口受阻现象的发生。

第二节　国内农产品包装标识应用现状

一、农产品包装行业分析

中国是仅次于美国的世界第二包装大国，包装工业位列我国 38 个主要工业门类的第 14 位，是中国制造体系的重要组成部分。从总量上看，我国已成为世界包装大国，但在品种、质量、新品研发能力及经济效益等方面，均与发达国家存在较大的差距。根据统计，2014 年全球纸质包装产值达到了 2 150 亿美元，并将保持年均 6% 的增长速度。预计到 2020 年，全球纸质包装产值将达到 3 050 亿美元。中国包装联合会预计未来国内市场能保持每年 5% ～ 6% 的增速。而包装对农产品的价值体现和价值提升至关重要，农产品包装已成为"朝阳产业"，目前我国农产品包装水平较低，还有很大的发展空间。

二、农产品包装标识的应用现状

中国农产品生产经营方式是以分散的小农户为主体，有 2 亿多农户，农产品经纪人约 500 万人，农业专业经济合作组织 15 余万家，从事农产品生产经营的企业达 41.4 万家。各种生产经营主体的组织化程度和规模化水平各不相同，从而导致包装标识应用的能力和水平也很不平衡。

《中华人民共和国农产品质量安全法》《预包装食品标签通则》《农产品包装和标识管理办法》《鲜活农产品标签标识》和《食品安全国家标准 预包装食品标签通则》对农产品包装和标识提出了明确要求。但是在我国农产品销售环节中，农产品包装标识不规范的现象屡见不鲜，主要表现在以下几个方面。

（一）农产品无包装现象普遍存在

包装最初是指赋予产品一种外在保护层，使产品在运输、储存及销售过程中避免遭受损毁或减少，其次也具有传达产品信息，提升产品外在品质的功能。而在我国大部分的农贸市场内，所销售的初级农产品绝大多数没有包装，因而导致新鲜果蔬类农产品在运输和销售过程中损耗很大；购买者需与销售者通过口头交流得知产品价格、产地等信息，或者通过眼观、手触等方式主观判断农产品的质量，买卖双方严重缺乏信息交流平台或渠道。

（二）农产品的包装形式单一

市面上能见到的农产品包装，绝大多数采用袋装、筐装或纸箱装等简单的包装形式。不仅简单，还存在一刀切现象，往往将所销售或经营的多种农产品均采用同样的包装方式，而没有考虑农产品的不同特性和对包装的不同要求。由于没有合适的包装，导致农产品在运输、储存过程中，不仅会发生包装容易变形，甚至压坏农产品而造成损失，还可能发生包装霉变等影响农产品质量和安全的问题。

另外，一些蔬菜水果不仅采用竹篓、编织袋等简陋包装，还有几十千克一件的大包装，根本不适应目前小家庭消费需求。

包装可以为农产品提供适宜的"微环境"，这就需要根据农产品的生理特性、储存、运输等条件，选择适宜的包装。由于每种农产品都有保持其自身最佳质量的特定环境需求，包括特定的温度、湿度、呼吸气体（CO_2、O_2）、少量乙烯等，需要针对不同农产品，有目的地调整这些因素，实现针对性包装，延长农产品货架期，从而保障农产品质量安全。

（三）农产品包装的标签不合规

针对农产品包装，我国已经有相关标准。《鲜活农产品标签标识》（GB/T 32950—2016）的"4.1 鲜活农产品标签标识的主要内容及标识"明确规定：应充分考虑保障消费者健康和安全与合法权益；满足消费者识别鲜活农产品的需要；提供鲜活农产品属性和用途信息；提供鲜活农产品的质量信息、质量保证信息、来源及追溯信息的需要；满足鲜活农产品贸易双方的合理需要等。

"4.3 标签标识可以采用不同的方式。如在包装上采取附加标签、标识牌、标识带或提供说明书等形式。对于有包装的鲜活农产品，应当在包装物上标注或者附加标识；散装、裸装的鲜活农产品，应当采取附加标签、标识牌、标识带、说明书或标识在鲜活农产品上（如畜禽胴体上）等形式。"

该标准详细规定了标签标识的内容，包括产品名称、质量状况（标准名称和标准号、产品质量检验或检疫合格证明、质量等级、认证标志等）、产地（种植、采集、收获、养殖、捕捞等产地名称、原产地国家和地区等）、日期（生产日期、收货或采摘日期、捕捞或屠宰、分割日期等）、贮存条件和保质期、生产者和（或）经销者的名称、地址和联系方式、净含量和规格、安全标识、营养标识等都做了详细规定，还对标签标识的方式进行了说明。

另外，预包装的农产品，也可以参考《食品安全国家标准 预包装食品标签通则》（GB 7718—2011）。该标准也规定，直接向消费者提供的预包装食品标签标示应包括食品名称、配料表、净含量和规格、生产者和（或）经销者的名称、地址和联系方式、生产日期和保质期、贮存条件、食品生产许可证编号、产品标准号及其他需要标示的内容（图1-3）。

图1-3　农产品标签的完整内容

农产品标识不合规主要表现在以下几个方面。

1. 产品名称不规范

编者在农产品交易市场调研发现，包装标识上农产品的名称尚均存在不规范的问题。譬如，某哈密瓜仅标示"晓密"这一新创名称，未在名称的同一展示版面标示出农产品的真实属性的规范名称或公认名称（图1-4），不符合《鲜活农产品标签标识》（GB/T 32950—2016）中"5.1.2 应标明能反映农产品真实属性的规范名称或公认名称"和《食品安全国家标准 预包装食品标签通则》（GB 7718—2011）中"4.1.2.1 应在食品标签的醒目位置，清晰地标示反映食品真实属性的专用名称"的规定。

《鲜活农产品标签标识》（GB/T
32950—2016）对进口农产品的名称
也做了规定，"5.1.4 进口鲜活农产品
应标明进口农产品对应的中文名称，
在不引起歧义的情况下，可以使用常
用名称或俗名。"但是在市场调研过
程中发现，目前大部分进口农产品的
标签中文标注不规范，例如埃及柑
橘、美国蛇果、新西兰苹果、奇异果
的外包装标签上只有英文和拼音，没
有对应中文，属于不规范标注。但
是，也还是有一些进口水果，包括澳

图1-4　专用名称的标识（上：有标注；下：未标注）

大利亚葡萄、智利红地球葡萄等产品的中英文对应较为完整，符合国家标签标识的要
求，见图 1-5。此外，通过对比大多数进口水果标签发现，没有中英文对照的产品相
对较多。

图1-5　国外进口包装标签上的中英文标注

2. 反映质量状况的无公害、绿色、有机、地理标志等认证标志乱用

《农产品包装和标识管理办法》第三章第十二条规定，销售获得无公害农产品、
绿色食品、有机农产品等认证标志的农产品，应当标注有效期内的认证标志和发证机

构。禁止冒用无公害农产品、绿色食品、有机农产品等质量标志。

根据《无公害农产品管理办法》（农业部、国家质检总局第 12 号令），无公害农产品由产地认定和产品认证两个环节组成。产地认定由省级农业行政主管部门组织实施，产品认证由农业部农产品质量安全中心组织实施。绿色食品需经农业部下属"中国绿色食品发展中心"认证，方可申请使用绿色食品标志。在中国境内销售的有机产品均需经国家认监委批准的认证机构认证。截至 2012 年 5 月，共有中绿华夏有机食品认证中心（COFCC）、南京国环有机产品认证中心（OFDC-MEP）、中国质量认证中心（CQC）等 23 家认证机构进行有机认证过程中允许存在有机转换产品。目前我国认证农产品标签的问题主要有以下三个方面：

第一，标签信息不完整。调研中发现部分产品标签只有图标，没有编号和认证机构，例如只有绿色食品的图标，其他均未标注。

第二，冒用认证标识。部分产品外包装上有无公害农产品、绿色食品、有机农产品标识，但是经过查询后发现并无认证记录，蒙骗消费者。

第三，认证期限已过期。部分产品在认证过期后仍然在使用认证标识，也违反了认证标识使用的相关规定。

3. 产地信息缺失

《农产品包装和标识管理办法》第三章第十条规定，农产品生产企业、农民专业合作经济组织以及从事农产品收购的单位或者个人包装销售的农产品，应当在包装物上标注或者附加标识标明品名、产地、生产者或者销售者名称、生产日期。有分级标准或者使用添加剂的，还应当标明产品质量等级或者添加剂名称。未包装的农产品，应当采取附加标签、标识牌、标识带、说明书等形式标明农产品的品名、生产地、生产者或者销售者名称等内容。

《鲜活农产品标签标识》（GB/T 32950—2016）中规定"5.3.1 应标明鲜活农产品的种植、采集、收获、养殖、捕捞等的产地名称"《食品安全国家标准 预包装食品标签通则》（GB 7718—2011）也规定，直接向消费者提供的预包装食品标签标示应包括食品名称、配料表、净含量和规格、生产者和（或）经销者的名称、地址和联系方式、生产日期和保质期、贮存条件、食品生产许可证编号、产品标准号及其他需要标示的内容。但是部分农产品的产地、生产者等"身份"信息缺失普遍存在，水果、蔬菜、畜禽、水产、蛋等产品的包装上一般只有销售公司的信息，缺乏产地和生产者的信息。

4. 日期缺失

《鲜活农产品标签标识》（GB/T 32950—2016）中规定："5.4.1 标签标识上应标明

鲜活农产品的生产日期。"调研发现,生产日期缺失问题普遍存在。其中裸装和散装的水果、蔬菜、肉类和水产品基本没有生产日期;此外,其他包装类型的农产品也存在生产日期缺失的问题,其中国产水果、蔬菜居多,进口产品则相对较少。生产日期可向消费者直接反映产品的新鲜程度,因此,应重点关注农产品标签中生产日期未标注的问题。

5. 贮存条件与保质期等信息缺失

保质期对于农产品的质量判断至关重要,因此,《鲜活农产品标签标识》(GB/T 32950—2016)中规定:"5.5.1 限期使用的鲜活农产品,标签标识上应当标明采用不同贮藏方法情况下的保质期。如冷藏保鲜的畜禽产品和水产品,应标明冷藏温度与保质期。"调研发现散装和裸装农产品,其保质期的缺失标注问题最为严重;其次是筐包装的农产品;箱包装和袋包装的农产品问题相对较少。另一方面,贮藏时间对农产品的品质影响较大,部分产品缺乏保质期和生产日期标注,冒充新鲜产品,蒙骗消费者。例如,贮藏时间超过六个月的柑橘由于缺乏采摘日期标注,很难通过外观来对其品质进行判断,长期贮存后很容易出现枯水、糖分大幅度下降等问题,导致其食用价值大幅降低,但这些产品仍然在市场上销售。

《中华人民共和国食品安全法》(2015 年 10 月 1 日实施)定义的保质期是指食品在标明的贮存条件下保持品质的期限。保质期是建立在贮存条件基础上,没有贮存条件,就谈不上保质期。因此,预包装农产品的保质期适用此定义的情况下,标签应标示贮存条件。预包装的水产品和畜禽产品贮藏条件缺失情况相对较少,但是水果、蔬菜产品贮藏条件缺失问题较为严重。例如,散装的西瓜、甜瓜等产品基本没有贮藏条件等信息;此外,我国农产品不仅存在贮存条件缺失的问题,并且存在标示方法不规范的现象。例如,部分箱装苹果存在标示缺失和不规范的问题。

6. 生产者和(或)经销者的名称、地址和联系方式缺失

《鲜活农产品标签标识》(GB/T 32950—2016)中规定:"5.6.1 鲜活农产品的标签标识应标明生产者和(或)销售者的名称、地址和联系方式,必要时标注分装者、配送者的名称、地址和联系方式。"调研发现,这些信息缺失的也比较严重。

7. 净含量和规格等信息缺失

《鲜活农产品标签标识》(GB/T 32950—2016)的"5.7 净含量和规格"中规定:"5.7.1 标签标识上应标明单位包装中的鲜活农产品的实际数量和(或)质量,即净含量及规格。"调研发现水果、蔬菜、畜禽、水产品、蛋等产品的包装标识均存在规格等级、重量、数量等信息不完整的问题。其中箱、筐和袋包装的农产品一般相对齐

全，但是散装、裸装农产品缺失问题严重。

8. 安全标识缺失

《鲜活农产品标签标识》（GB/T 32950—2016）中"5.8 安全标识"对农残、兽残、检验检疫、防腐剂、保鲜剂及违禁物质、致敏成分、（天然）毒性物质、天然毒物、其他由于使用或食用不当可能危及健康和安全的物质、辐照农产品都有标识要求，并对与之相关农产品的品类也做了详细规定。调研发现，目前农产品包装标识信息还有待宣传和完善。

另外，《鲜活农产品标签标识》（GB/T 32950—2016）对营养标识、转基因农产品等也做了详细规定，但市场调研结果并不乐观，有营养标签的包装标识凤毛麟角。

（四）包装的美观度不足，不能充分彰显农产品的品质内涵

从某种意义上讲，商品包装既是商品的基本构成，又应是一件具有欣赏价值的艺术品。包装的艺术性在反映产品内在质量的同时，还能以别出心裁、独具特色来获得市场竞争力，提升商品附加值。纵观国内的农产品包装，大多数没有新意，体现不出农产品的品质特性。以目前的水果市场为例，无论是苹果、酥梨，还是柑橘、葡萄，几乎都用同样的纸箱来包装，给人一种非常雷同的感觉。为了进一步提升农产品的市场竞争力，迫切需要针对不同的农产品，专门设计特定的包装形式，再印刷以精美的图案、文字，同时考虑不同的地域文化，充分体现所包装农产品的内在品质，见图1-6。

图1-6　农产品有特色的包装

第三节　发达国家农产品包装标识应用现状

发达国家对农产品的包装已经很成熟，针对市场与消费者的需求结合本国的特点，形成了自己的模式。

美国是世界上食品标签要求最严格的国家之一，早在 20 世纪 50 年代就对食品（含农产品）的包装标识和内容物检测同等重视。美国食品标签多达 22 种，且逐年修订补充。要求所有包装食品应有食品标签，强化食品还要有营养标签，必须标明至少 14 种营养成分的含量，见图 1-7。据估计，仅此一项就使美国加工企业每年多支出10.5 亿美元。

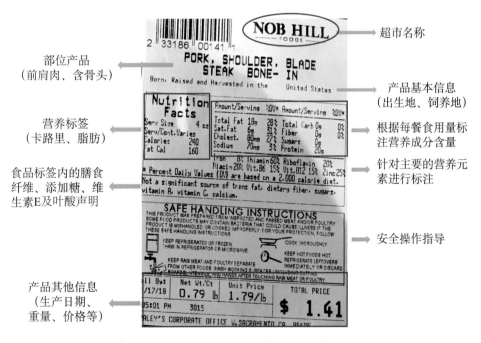

图1-7　美国农产品完善的标签信息

美国农产品的包装与设计显得非常随性，花样百出，变化多端，带有强烈的视觉冲击和语言冲击。此外，美国对包装材料的市场准入也有严格的规定，通过公布已经核准的物质名录来确定允许使用的包装材料。

日本是世界上最讲究包装的国家之一，将日本文化中的禅意精髓提炼出来，融入一些自然、朴素、可爱的元素，最终呈现出来的设计简单却别有滋味。日本的农产品包装透出的品质感给人留下很深的印象，见图1-8。从包装的表面看，不仅从图形创造和色彩的运用等方面显示出深度，更可见在选材和工艺上精益求精。图形和色彩主要围绕着传统的审美和民族文化，而材料的选择则从自然入手，通过现代的工艺使之变得实用美观，形成有明显日本特色的包装形象。而且，由于日本是个岛国，地少人多，内在的资源危机形成了很强的环保意识。在农产品包装的选材上，均以不污染环境，易于回收再利用的材料为首选。

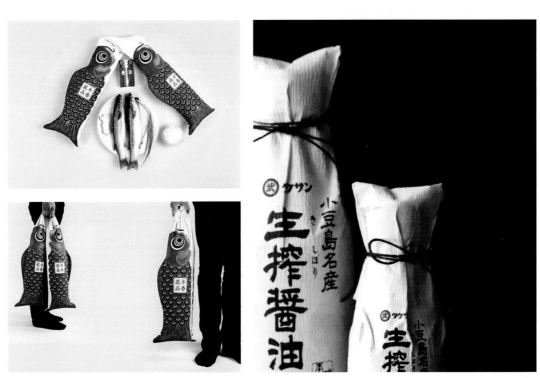

图1-8　日本农产品的创意包装

法国对农产品的包装标识非常重视，已拥有一些国际知名的农产品质量保证的标识。一般来说，法国农场主（农户）要获得农产品标识或认证证书，需要严格遵守技术标准进行农业生产，要求极高。而农产品一旦有了这种标识或认证，便能使他们的产品获得较高的价格回报。为了向消费者保证农产品的质量和来源，法国优质农产品的农场（农户）主要有3种包装标识可选用：一是"原产地命名控制"（AOC）标识；二是"红色优质标签"（LR）；三是"产品合格证"（CCP），见图1-9至图1-11。法国包装标识的发放和管理十分严格，农产品包装的"红色优质标签"和"产品合格证"由法国标识和认证委员会（CHLC）统一颁发，确保产品的优质，促进农产品的出口。

图1-9 原产地命名控制
（AOC）标识

图1-10 红色优质标签
（LR）标识

图1-11 产品合格证（CCP）标识

第二章 农产品包装标识法律法规

国内农产品包装标识法律法规与标准

一、农产品包装标识相关法律法规

农产品包装是指为了在流通过程中保护农产品品质、方便运输、促进销售，按一定技术方法采用的材料、容器及辅助物的总称；也指为了达到上述目的而采用的容器、材料和辅助物的过程中施加一定技术方法等操作活动。采用适当的包装可以延长农产品的货架期，防止腐败变质，减少防腐剂的使用和农产品的损失和浪费，使之更加安全卫生和方便食用。同时，农产品包装材料是城市垃圾的最重要来源，推广经济适用、绿色环保的农产品包装是当前绿色减排的迫切需要。农产品标识不仅是引导消费、树立品牌的需要，也是规范市场秩序、维护消费者权益的需要。因此，国家对农产品包装标识十分重视，出台了一系列法律法规来规范农产品包装标识进而保障农产品包装的品质。但是，与发达国家相比，我国在农产品包装标识整体上还有较大差距。

目前我国对于农产品包装监督管理的法律依据主要有：《中华人民共和国农业法》《中华人民共和国农产品质量安全法》《中华人民共和国食品安全法》《食品安全法实施条例》《工业产品生产许可证管理条例》《食品质量安全市场准入审查通则》《食品包装、容器、工具等制品生产许可通则》《进出口食品包装容器、包装材料检验实施规定》《中华人民共和国产品质量法》《中华人民共和国商标法》《中华人民共和国农业技术推广法》；以及农业农村部令第 70 号《农产品包装和标识管理办法》（原农业部 2006 年第 70 号令）等国家强制性法律、法规。

（一）《中华人民共和国产品质量法》

《中华人民共和国产品质量法》第二条规定，在中华人民共和国境内从事产品生产、销售活动，必须遵守本法。本法所称产品是指经过加工、制作，用于销售的产品。因此，包装农产品也在规定范围内，其中关于产品包装和标识的相关规定有如下几条。

第二十六条规定，生产者应当对其生产的产品质量负责。产品质量应当符合下列要求：（一）不存在危及人身、财产安全的不合理的危险，有保障人体健康和人身、财产安全的国家标准、行业标准的，应当符合该标准；（二）具备产品应当具备的使用性能，但是，对产品存在使用性能的瑕疵作出说明的除外；（三）符合在产品或者其包装上注明采用的产品标准，符合以产品说明、实物样品等方式表明的质量状况。这是法律对生产者保证产品质量义务的强制性规定，生产者不得以合同约定或者其他方式免除或减轻自己的此项法定义务。产品不得存在危及人身、财产安全的不合理的危险，是法律对产品质量最基本的要求，直接关系产品使用者的人体健康和人身、财产安全。生产者违反这一质量保证义务的，将要受到严厉的法律制裁。生产者要保证其产品不存在危及人身、财产安全的不合理的危险，首先应当在产品设计上保证安全、可靠。产品设计是保证产品不存在危及人身、财产安全的不合理危险的基本环节。其次，在产品制造方面保证符合规定的要求。制造是实现设计的过程，在实际经济生活中，制造上的缺陷往往是导致产品存在危及人身、财产安全的不合理的危险的主要原因。另外，在产品标识方面还要保证清晰、完整。对涉及产品使用安全的事项，应当有完整的中文警示说明、警示标志，并且标注清晰、准确，以提醒人们注意。

第二十七条规定，产品或者其包装上的标识必须真实，并符合下列要求：（一）有产品质量检验合格证明。（二）有中文标明的产品名称、生产厂厂名和厂址。（三）根据产品的特点和使用要求，需要标明产品规格、等级、所含主要成分的名称和含量的，用中文相应予以标明；需要事先让消费者知晓的，应当在外包装上标明，或者预先向消费者提供有关资料。（四）限期使用的产品，应当在显著位置清晰地标明生产日期和安全使用期或者失效期。（五）使用不当，容易造成产品本身损坏或者可能危及人身、财产安全的产品，应当有警示标志或者中文警示说明。裸装的食品和其他根据产品的特点难以附加标识的裸装产品，可以不附加产品标识。

第五十四条规定，产品标识不符合本法第二十七条规定的，责令改正；有包装的产品标识不符合本法第二十七条第（四）项、第（五）项规定，情节严重的，责令停止生产、销售，并处违法生产、销售产品货值金额百分之三十以下的罚款；有违法所得的，并处没收违法所得。产品标识由生产者提供，其主要作用是表明产品的有关信息，帮助消费者了解产品的质量状况，说明产品的正确使用、保养方法，指导消费。随着市场经济的发展和扩大产品出口的需要，产品标识日益为人们所看重，认为其是产品的组成部分。如果产品标识指示不当或者存有欺骗性，则易引起消费者的误解，产生产品质量纠纷，因此，法律要求规定生产者必须对产品标识应当标明的内容负责，这是生产者应当履行的义务。

（二）《工业产品生产许可证管理条例》

国家对生产下列重要工业产品的企业实行生产许可证制度：乳制品、肉制品、饮料、米、面、食用油、酒类等直接关系人体健康的加工食品，其中包含了加工农产品。《工业产品生产许可证管理条例》第二十五条规定，生产许可证有效期为 5 年，但是，食品加工企业生产许可证的有效期为 3 年。生产许可证有效期届满，企业继续生产的，应当在生产许可证有效期届满 6 个月前向所在地省、自治区、直辖市工业产品生产许可证主管部门提出换证申请。即农产品的包装企业应当具备食品加工企业生产许可证，方可进行农产品的包装生产经营。

（三）《中华人民共和国农业法》

《中华人民共和国农业法》第四章农产品流通与加工，规定了农产品流通与加工相关问题。而农产品的流通和加工产品均离不开包装的支撑，规范农产品包装对于农产品的流通和加工具有重要意义。

相关规定如下：第二十九条规定，国家支持发展农产品加工业和食品工业，增加农产品的附加值。县级以上人民政府应当制定农产品加工业和食品工业发展规划，引导农产品加工企业形成合理的区域布局和规模结构，扶持农民专业合作经济组织和乡镇企业从事农产品加工和综合开发利用。国家建立健全农产品加工制品质量标准，完善检测手段，加强农产品加工过程中的质量安全管理和监督，保障食品安全。第三十条规定，国家鼓励发展农产品进出口贸易。国家采取加强国际市场研究、提供信息和营销服务等措施，促进农产品出口。为维护农产品产销秩序和公平贸易，建立农产品进口预警制度，当某些进口农产品已经或者可能对国内相关农产品的生产造成重大的不利影响时，国家可以采取必要的措施。因此，做好农产品包装的规范有利于农产品的流通，有助于农产品附加值的提升，有利于农产品进出口贸易的顺利进行。

（四）《中华人民共和国农产品质量安全法》

《中华人民共和国农产品质量安全法》第五章包装标识，针对农产品包装、标识进行了概括，相关规定有如下几条。

第二十八条　农产品生产企业、农民专业合作经济组织以及从事农产品收购的单位或者个人销售的农产品，按照规定应当包装或者附加标识的，须经包装或者附加标识后方可销售。包装物或者标识上应当按照规定标明产品的品名、产地、生产者、生产日期、保质期、产品质量等级等内容；使用添加剂的，还应当按照规定标明添加剂的名称。具体办法由国务院农业行政主管部门制定。

第二十九条　农产品在包装、保鲜、贮存、运输中所使用的保鲜剂、防腐剂、添加剂等材料，应当符合国家有关强制性的技术规范。

第三十条　属于农业转基因生物的农产品，应当按照农业转基因生物安全管理的有关规定进行标识。

第三十一条　依法需要实施检疫的动植物及其产品，应当附具检疫合格标志、检疫合格证明。

第三十二条　销售的农产品必须符合农产品质量安全标准，生产者可以申请使用无公害农产品标志。农产品质量符合国家规定的有关优质农产品标准的，生产者可以申请使用相应的农产品质量标志。禁止冒用前款规定的农产品质量标志。

本法规从源头上规定，农产品生产企业、农民专业合作经济组织以及从事农产品收购的单位或者个人销售的农产品，按照规定应当包装或者附加标识的，须经包装或者附加标识后方可销售。这就是说，即按照规定需要包装的农产品必须经过包装之后方能销售，农产品包装对于销售是必须的，且要按照规定做好标识工作。但是实际操作中仍存在一些问题。其中，第二十八条容易产生误读的内容在于没有明确指出哪些人和哪些农产品应该包装、标识，从而影响了实际的操作。如果按照法律的规定做一下拓展和探究，就会发现，其实法律和相关法规对这两点的规定是明确的。对这两个问题应从3个方面来求证：

● 哪些产品必须包装的问题。根据农业部2006年发布的《农产品包装和标识管理办法》，农业"三品"（绿色食品、有机农产品、地理标志农产品）中，除鲜活畜、禽、水产品外是必须包装的。另外，还有一些省份（如甘肃省）要求对地理标志产品也要包装，对其他产品的包装就没有明确规定了。

● 哪些产品必须标识的问题。《农产品包装和标识管理办法》也规定得很明确。按该规定的第三章第十条来理解，除自产自销农产品外的所有农产品都应该有标识，包装销售的农产品可以在包装上标识或另附标识。

● 哪些生产、销售者应对农产品包装和标识的问题。按《农产品包装和标识管理办法》第三章第十条的规定，除自产自销外的所有生产者、经营者都应对农产品进行标识，除鲜活畜、禽、水产品外的"三品"还必须包装，从个体生产者处购买的农产品用于贩卖时也要进行标识。

综上所述，包装的范围小于标识的范围，包装仅对农业"三品"及其他有特殊规定的农产品提出要求，而标识则对于除自产自销外的所有农产品均作出了要求，从个体生产者处购买后贩卖的农产品也必须进行标识。

（五）《中华人民共和国食品安全法》与《食品安全法实施条例》

面向消费者的初级农产品、加工农产品同样包含在食品范围内，必须满足食品安全法的规定。

《中华人民共和国食品安全法》的主要适用范围如下：

（一）食品生产和加工（以下称食品生产），食品销售和餐饮服务（以下称食品经营）；

（二）食品添加剂的生产经营；

（三）用于食品的包装材料、容器、洗涤剂、消毒剂和用于食品生产经营的工具、设备（以下称食品相关产品）的生产经营；

（四）食品生产经营者使用食品添加剂、食品相关产品；

（五）食品的贮存和运输；

（六）对食品、食品添加剂、食品相关产品的安全管理。

供食用的源于农业的初级产品（以下称食用农产品）的质量安全管理，遵守《中华人民共和国农产品质量安全法》的规定。但是，食用农产品的市场销售、有关质量安全标准的制定、有关安全信息的公布和本法对农业投入品作出规定的，应当遵守本法的规定。即市场上销售的食用农产品必须满足食品安全法的规定，其中包括农产品的包装形式、包装材料、包装标识等。

《中华人民共和国农产品质量安全法》《中华人民共和国食品安全法》中关于食品包装和食品标识的其他的有关规定还包括如下几条。

第十条　各级人民政府应当加强食品安全的宣传教育，普及食品安全知识，鼓励社会组织、基层群众性自治组织、食品生产经营者开展食品安全法律、法规以及食品安全标准和知识的普及工作，倡导健康的饮食方式，增强消费者食品安全意识和自我保护能力。新闻媒体应当开展食品安全法律、法规以及食品安全标准和知识的公益宣传，并对食品安全违法行为进行舆论监督。有关食品安全的宣传报道应当真实、公正。

第十一条 国家鼓励和支持开展与食品安全有关的基础研究、应用研究，鼓励和支持食品生产经营者为提高食品安全水平采用先进技术和先进管理规范。

第十七条 国家建立食品安全风险评估制度，运用科学方法，根据食品安全风险监测信息、科学数据以及有关信息，对食品、食品添加剂、食品相关产品中生物性、化学性和物理性危害因素进行风险评估。

第二十五条 食品安全标准是强制执行的标准。除食品安全标准外，不得制定其他食品强制性标准。

第二十六条 食品安全标准应当包括下列内容：（一）食品、食品添加剂、食品相关产品中的致病性微生物，农药残留、兽药残留、生物毒素、重金属等污染物质以及其他危害人体健康物质的限量规定；（二）食品添加剂的品种、使用范围、用量；（三）专供婴幼儿和其他特定人群的主辅食品的营养成分要求；（四）对与卫生、营养等食品安全要求有关的标签、标志、说明书的要求；（五）食品生产经营过程的卫生要求；（六）与食品安全有关的质量要求；（七）与食品安全有关的食品检验方法与规程；（八）其他需要制定为食品安全标准的内容。

食品包装材料作为主要的食品相关产品，其安全性也是本法律的监督内容。本法律建立了最严格的全过程的监管制度。新法对食品生产、流通和食用农产品销售等环节，食品添加剂、食品相关产品的监管以及网络食品交易等新兴业态等进行了细化和完善，对农产品包装相关材料也有了严格规定。

《食品安全法实施条例》是根据《中华人民共和国食品安全法》（以下简称食品安全法）制定的，目的是促进食品安全法的有效实施。其中有关食品包装、标识的有关规定有如下几条。

第二十七条 食品生产企业应当就下列事项制定并实施控制要求，保证出厂的食品符合食品安全标准：（一）原料采购、原料验收、投料等原料控制；（二）生产工序、设备、贮存、包装等生产关键环节控制；（三）原料检验、半成品检验、成品出厂检验等检验控制。

第二十九条 从事食品批发业务的经营企业销售食品，应当如实记录批发食品的名称、规格、数量、生产批号、保质期、购货者名称及联系方式、销售日期等内容，或者保留载有相关信息的销售票据。记录及票据的保存期限不得少于2年。

第三十条 国家鼓励食品生产经营者采用先进技术手段，记录食品安全法和本条例要求记录的事项。

第三十三条 对依照食品安全法第五十三条规定被召回的食品，食品生产者应当进行无害化处理或者予以销毁，防止其再次流入市场。对因标签、标识或者说明书不符合食品安全标准而被召回的食品，食品生产者在采取补救措施且能保证食品安全的情况下可以继续销售；销售时应当向消费者明示补救措施。

第三十七条 进口尚无食品安全国家标准的食品，或者首次进口食品添加剂新品种、食品相关产品新品种，进口商应当向出入境检验检疫机构提交依照食品安全法第六十三条规定取得的许可证明文件，出入境检验检疫机构应当按照国务院卫生行政部门的要求进行检验。

第四十条 进口的食品添加剂应当有中文标签、中文说明书。标签、说明书应当符合食品安全法和我国其他有关法律、行政法规的规定以及食品安全国家标准的要求，载明食品添加剂的原产地和境内代理商的名称、地址、联系方式。食品添加剂没有中文标签、中文说明书或者标签、说明书不符合本条规定的，不得进口。

本规定对市场上可食用农产品的流通中包装检测，问题包装标签的召回，进出口中包装标识等都作出了具体要求。

（六）《食品质量安全市场准入审查通则》

为切实从源头加强食品质量安全的监督管理，规范食品企业生产加工过程，提高我国食品质量安全水平，依据《中华人民共和国产品质量法》《中华人民共和国食品卫生法》《工业产品生产许可证试行条例》等有关法律法规和食品质量安全市场准入制度的有关规定，制定本通则。《食品质量安全市场准入审查通则》中关于包装、标识的相关规定如下。

（八）包装及标签标识要求。用于食品包装的材料必须符合国家法律法规及强制性标准的要求。定量包装食品的净含量应当符合相应的产品标准及《定量包装商品计量监督规定》。食品标签标识必须符合国家法律法规及食品标签标准和相关产品标准中的要求。对包装材料和包装标识的适用性作出了规定，即农产品的包装材料、标识应符合相应的强制性标准。

（七）《中华人民共和国农业技术推广法》

《中华人民共和国农业技术推广法》第二条明确指出，本法所称农业技术，是指应用于种植业、林业、畜牧业、渔业的科研成果和实用技术，包括：（三）农产品收获、加工、包装、贮藏、运输技术。国家支持农产品包装新技术的推广。

（八）《食品包装、容器、工具等制品生产许可通则》

《食品包装、容器、工具等制品生产许可通则》适用于包装、盛放食品或者食品添加剂的塑料制品和塑料复合制品；食品或者食品添加剂生产、流通、使用过程中直接接触食品或者食品添加剂的塑料容器、用具、餐具等制品。根据产品的形式分为4类：包装类、容器类、工具类、其他类。

其中包装类包括非复合膜袋、复合膜袋、片材、编织袋；容器类包括桶、瓶、罐、杯、瓶坯；工具类包括筷、刀、叉、匙、夹、料擦（厨房用）、盒、碗、碟、盘、杯等餐具；其他类包括不能归入以上三类中的其他食品用塑料包装、容器、工具等制品。

食品用塑料包装、容器、工具等制品不包括食品在生产经营过程中接触食品的机械、管道、传送带。对农产品包装可能用到的所有材料的标准作出了规定，如表2-1所示。

表2-1 第一批实施市场准入制度管理的食品用塑料包装、容器、工具等制品目录与对应标准

产品分类	产品单元	产品品种	产品标准	备注
包装类	1.非复合膜袋	1. 聚乙烯自粘保鲜膜	GB 10457—1989	
		2. 商品零售包装袋（仅对食品用塑料包装袋）	GB/T 18893—2002	
		3. 液体包装用聚乙烯吹塑薄膜	QB 1231—1991	
		4. 食品包装用聚偏二氯乙烯（PVDC）片状肠衣膜	GB/T 17030—1997	
		5. 双向拉伸聚丙烯珠光薄膜	BB/T 0002—1994	*
		6. 高密度聚乙烯吹塑薄膜	GB/T 12025—1989	
		7. 包装用聚乙烯吹塑薄膜	GB/T 4456—1996	
		8. 包装用双向拉伸聚酯薄膜	GB/T 16958—1997	
		9. 单向拉伸高密度聚乙烯薄膜	QB/T 1128—1991	
		10. 聚丙烯吹塑薄膜	QB/T 1956—1994	
		11. 热封型双向拉伸聚丙烯薄膜	GB/T 12026—2000	
		12. 未拉伸聚乙烯、聚丙烯薄膜	QB 1125—2000	*
		13. 夹链自封袋	BB/T 0014—1999	*
		14. 包装用镀铝膜	BB/T 0030—2004	*
	2.复合膜袋	15. 耐蒸煮复合膜、袋	GB/T 10004—1998	
		16. 双向拉伸聚丙烯（BOPP）/低密度聚乙烯（LDPE）复合膜、袋	GB/T 10005—1998	
		17. 双向拉伸尼龙（BOPA）/低密度聚乙烯（LDPE）复合膜、袋	QB/T 1871—1993	

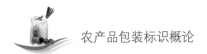

续表

产品分类	产品单元	产品品种	产品标准	备注
包装类	2. 复合膜袋	18. 榨菜包装用复合膜、袋	QB 2197—1996	
		19. 液体食品包装用塑料复合膜、袋	GB 19741—2005	
		20. 液体食品无菌包装用纸基复合材料	GB 18192—2000	
		21. 液体食品无菌包装用复合袋	GB 18454—2001	
		22. 液体食品保鲜包装用纸基复合材料（屋顶包）	GB 18706—2002	
		23. 多层复合食品包装膜、袋	GB/T 5009.60—2003 已备案的企业标准	*
	3. 片材	24. 食品包装用聚氯乙烯硬片、膜	GB/T 15267—1994	
		25. 双向拉伸聚苯乙烯（BOPS）片材	GB/T 16719—1996	
		26. 聚丙烯（PP）挤出片材	QB/T 2471—2000	
	4. 编织袋	27. 塑料编织袋	GB/T 8946—1998	
		28. 复合塑料编织袋	GB/T 8947—1998	
容器类	5. 容器	29. 聚乙烯吹塑桶	GB/T 13508—1992	
		30. 聚对苯二甲酸乙二醇酯（PET）碳酸饮料瓶	QB/T 1868—2004	
		31. 聚酯（PET）无汽饮料瓶	QB 2357—1998	
		32. 聚碳酸酯（PC）饮用水罐	QB 2460—1999	
		33. 热罐装用聚对苯二甲酸乙二醇酯（PET）瓶	QB/T 2665—2004	
		34. 软塑折叠包装容器	BB/T 0013—1999	
		35. 包装容器 塑料防盗瓶盖	GB/T 17876—1999	
		36. 塑料奶瓶、塑料饮水杯（壶）、塑料瓶坯	GB14942—1994 GB13113—1991 GB17327—1998 经备案的企业标准	*
工具类	6. 食品用工具	37. 密胺塑料餐具	QB 1999—1994	
		38. 塑料菜板	QB/T 1870—1993	
		39. 一次性塑料餐饮具	GB 9688—1988 GB 9689—1988 经备案的企业标准	

注：上表中带"*"为适用于包装、盛放食品的制品。

第一批实施市场准入制度管理的食品用塑料包装、容器、工具等制品产品包括3类39个产品（表2-1），增补品种时将另行公布产品目录。根据生产工艺相同或相近的产品划分成一个产品单元的原则，食品用塑料包装、容器、工具等制品共分为6个产品单元。包装类包括 4 个产品单元：非复合膜袋、复合膜袋、片材、编织袋。容器类包括 1 个产品单元：容器。工具类包括 1 个产品单元：食品用工具。食品用塑料包装、容器、工具等制品生产许可审查细则包括食品用塑料包装、容器、工具等制品企业生产许可实地核查办法和 6 个产品单元的生产许可审查细则。食品用塑料包装、容器、工具等制品企业生产许可实地核查办法和每个产品单元的生产许可审查细则构成了对该产品单元的生产许可企业审查办法。

（九）《农产品包装和标识管理办法》

《农产品包装和标识管理办法》是目前针对性最强的规定，全文内容如下。

第一章　总则

第一条　为规范农产品生产经营行为，加强农产品包装和标识管理，建立健全农产品可追溯制度，保障农产品质量安全，依据《中华人民共和国农产品质量安全法》，制定本办法。

第二条　农产品的包装和标识活动应当符合本办法规定。

第三条　农业部负责全国农产品包装和标识的监督管理工作。县级以上地方人民政府农业行政主管部门负责本行政区域内农产品包装和标识的监督管理工作。

第四条　国家支持农产品包装和标识科学研究，推行科学的包装方法，推广先进的标识技术。

第五条　县级以上人民政府农业行政主管部门应当将农产品包装和标识管理经费纳入年度预算。

第六条　县级以上人民政府农业行政主管部门对在农产品包装和标识工作中做出突出贡献的单位和个人，予以表彰和奖励。

第二章　农产品包装

第七条　农产品生产企业、农民专业合作经济组织以及从事农产品收购的单位或者个人，用于销售的下列农产品必须包装：

（一）获得无公害农产品、绿色食品、有机农产品等认证的农产品，但鲜活畜、禽、水产品除外。

（二）省级以上人民政府农业行政主管部门规定的其他需要包装销售的农产品。符合规定包装的农产品拆包后直接向消费者销售的，可以不再另行包装。

第八条　农产品包装应当符合农产品储藏、运输、销售及保障安全的要求，便于拆卸和搬运。

第九条　包装农产品的材料和使用的保鲜剂、防腐剂、添加剂等物质必须符合国家强制性技术规范要求。包装农产品应当防止机械损伤和二次污染。

第三章　农产品标识

第十条　农产品生产企业、农民专业合作经济组织以及从事农产品收购的单位或者个人包装销售的农产品，应当在包装物上标注或者附加标识标明品名、产地、生产者或者销售者名称、生产日期。有分级标准或者使用添加剂的，还应当标明产品质量等级或者添加剂名称。未包装的农产品，应当采取附加标签、标识牌、标识带、说明书等形式标明农产品的品名、生产地、生产者或者销售者名称等内容。

第十一条　农产品标识所用文字应当使用规范的中文。标识标注的内容应当准确、清晰、显著。

第十二条　销售获得无公害农产品、绿色食品、有机农产品等质量标志使用权的农产品，应当标注相应标志和发证机构。禁止冒用无公害农产品、绿色食品、有机农产品等质量标志。

第十三条　畜禽及其产品、属于农业转基因生物的农产品，还应当按照有关规定进行标识。

第四章　监督检查

第十四条　农产品生产企业、农民专业合作经济组织以及从事农产品收购的单位或者个人，应当对其销售农产品的包装质量和标识内容负责。

第十五条　县级以上人民政府农业行政主管部门依照《中华人民共和国农产品质量安全法》对农产品包装和标识进行监督检查。

第十六条　有下列情形之一的，由县级以上人民政府农业行政主管部门按照《中华人民共和国农产品质量安全法》第四十八条、第四十九条、第五十一条、第五十二条的规定处理、处罚：

（一）使用的农产品包装材料不符合强制性技术规范要求的；

（二）农产品包装过程中使用的保鲜剂、防腐剂、添加剂等材料不符合强制性技术规范要求的；

（三）应当包装的农产品未经包装销售的；

（四）冒用无公害农产品、绿色食品等质量标志的；

（五）农产品未按照规定标识的。

第五章　附　则

第十七条　本办法下列用语的含义：

（一）农产品包装：是指对农产品实施装箱、装盒、装袋、包裹、捆扎等。

（二）保鲜剂：是指保持农产品新鲜品质，减少流通损失，延长贮存时间的人工合成化学物质或者天然物质。

（三）防腐剂：是指防止农产品腐烂变质的人工合成化学物质或者天然物质。

（四）添加剂：是指为改善农产品品质和色、香、味以及加工性能加入的人工合成化学物质或者天然物质。

（五）生产日期：植物产品是指收获日期；畜禽产品是指屠宰或者产出日期；水产品生产日期是指开始捕捞日期；其他产品是指包装或者销售时的日期。

农产品的包装、标识应该严格遵守《农产品包装和标识管理办法》规定的要求。

二、农产品包装标识相关标准

在上述法律和规定的基础上，我国还制定了一系列标准来保障农产品包装、标识的规范运用，其中主要包括：《食品安全国家标准 预包装食品标签通则》（GB 7718—2011）、《农产品物流包装材料通用技术要求》（GB/T 34344—2017）、《农产品物流包装容器通用技术要求》（GB/T 34343—2017）、《农产品购销基本信息描述 总则》（GB/T 31738—2015）、《有机产品 第三部分：标识和销售》（GB/T 19630.3—2011）、《包装储运图示标志》（GB/T 191—2008）、《鲜活农产品标签标识》（GB/T 32950—2016）、《预包装食用农产品标识规范》（DB41/T408—2005）、《食用农产品包装与标识》（DB3301/T046—2003）、《蔬菜包装标识通用准则》（NY/T 1655—2008）、《新鲜水果包装标识 通则》（NY/T 1778—2009）、《热带水果包装》（NY/T 1939—2010）、《标识 通则》（NY/T 1939—2010）、《新鲜蔬菜包装与标识》（SB/T 10158—2012）、《畜禽产品包装与标识》（SB/T 10659—2012）、《鲜蛋包装与标识》（SB/T 10895—2012）、《茶叶包装通则》（GH/T 1070—2011）、《茶叶包装》（NY/T 1999—2011）、《运输和贮藏通则》（NY/T 1999—2011）等。

（一）包装标识通用标准

《食品安全国家标准 预包装食品标签通则》（GB 7718—2011）规定，直接向消费者提供的预包装食品标签标示应包括食品名称、配料表、净含量和规格、生产者和（或）经销者的名称、地址和联系方式、生产日期和保质期、贮存条件、食品生产许可证编号、产品标准号及其他需要标示的内容。

应在食用农产品标签的醒目位置，清晰地标示反映食用农产品真实属性的专用名称。当国家标准、行业标准或地方标准已规定了某食用农产品的一个或几个名称时，应选用其中的一个，或等效的名称。无国家标准、行业标准或地方标准的名称时，应使用不使消费者误解或混淆的常用名称或通俗名称。可以标示"新创名称""奇特名称""音译名称""牌号名称""地区俚语名称"或"商标名称"，应在所示名称的邻近部位标示。当"新创名称""奇特名称""音译名称""牌号名称""地区俚语名称"或"商标名称"含有易使人误解食用农产品属性的文字或术语（词语）时，应在所示名称的邻近部位使用同一字号标示食用农产品真实属性的专用名称。当食用农产品真实属性的专用名称因字号不同易使人误解食用农产品属性时，也应使用同一字号标示食用农产品真实属性的专用名称。为避免消费者误解或混淆食用农产品的真实属性、物理状态或制作方法，可以在食用农产品名称前或名称后附加相应的词或短语。

预包装食用农产品的标签上应标示配料清单。单一配料的食用农产品除外。净含量的标示应由净含量、数字和法定计量单位组成。如"净含量450g"或"净含量450克"。应清晰地标示预包装食用农产品的生产日期和（或）包装日期、保质期。如日期标示采用"见包装物某部位"的方式，应标示所在包装物的具体部位。食用农产品执行的产品标准已明确规定质量等级的，应标示质量等级。经过电离辐射线（或电离能量）、基因工程等方式处理的食用农产品，应标明"辐照农产品""转基因农产品"等字样。

预包装农产品标签应标示贮存条件、产品规格等级、重量、数量等信息，其中贮存条件可以标示"贮存条件""贮藏条件""贮藏方法"等标题，或不标示标题。贮存条件可以有如下标示形式：常温（或冷冻，或冷藏，或避光，或阴凉干燥处）保存；××-××℃保存；请置于阴凉干燥处；常温保存，开封后需冷藏；温度：≤××℃，湿度：≤××%。

针对食品标签中文标识规定如下：①应使用规范的汉字（商标除外）。具有装饰作用的各种艺术字，应书写正确，易于辨认。②可以同时使用拼音或少数民族文字，拼音不得大于相应汉字，可以同时使用外文，但应与中文有对应关系（商标、进口食品的制造者和地址、国外经销者的名称和地址，网址除外）。所有外文不得大于相应的汉字（商标除外）。③预包装食品包装物或包装容器最大表面面积大于 35 cm² 时（最大表面面积计算方法见附录 A），强制性标示内容的文字、符号、数字的高度不得小于 1.8 mm。其他标准则是针对不同种类农产品作出了更具有针对性的规定，为农产品的包装和规范提供参考。

（二）部分类别农产品标签标识的规定

《芝麻》（GB/T 11761—2006）和《油菜籽》（GB/T 11762—2006）等油料国标中对产品的标签说明如下：应在包装或货位登记卡、贸易随行文件中标明产品名称、质量等级、收获年度、产地、毛重、净重以及防潮标志等内容。转基因产品应按照国家有关规定进行标识。《花生油》（GB/T 1534—2003）、《大豆油》（GB/T 1536—2003）、《菜籽油》（GB/T 1536—2004）等成品油国标中对油料的标签标识规定如下：除了符合 GB 7718 的规定及要求之外，还有以下专门条款，即产品名称，凡标识"*、**、"的产品均应符合该标准中对产品名称的说明；转基因产品要按国家有关规定标识。压榨产品、浸出产品要在产品标签中分别标识"压榨""浸出"字样；原产国，应注明产品原料的生产国名。

箱装瓜果的标签标识内容主要集中在对包装箱体的标签标识上。《苹果、柑橘包装》（GB/T 13607—92）引用国标《包装储运》（GB 191）和《运输包装收发货标志》（GB 6388），说明了包装容器的标识内容和包装标志。对销售包装和运输包装的苹果和柑橘，包装的第 3 面应标明纸箱生产厂名或代号；包装的 2、4 面标志应相同，左上角为注册商标，右上角选用 GB 191 中的怕湿和堆码极限两种图示标志，中间为产品名称和美术图案，下方为经营单位具体名称；包装的 5、6 面标志相同，左上角选用 GB 6388 中的农副产品标志，左下角为商品条形码。

第二节 国外农产品包装标识法律法规与标准

在食品包装方面，欧盟、美国、日本等国家已经建立了较为完善和系统的法律法规与标准体系对其进行管理。由于中国在食品安全领域起步较晚，食品包装标准体系正在逐步建立和完善，但与发达国家还有很大差距。加强对国外食品包装相关政策和法律法规的了解和研究，并与我国现行标准相比较，一方面有助于加强我国食品接触材料的安全监管，改进生产企业的质量管理和控制，提升产品质量安全水平；另一方面可以减少由于食品包装标识引起的技术性贸易壁垒，扩大对外贸易，具有非常重要的意义。

一、包装材料法律法规

（一）美国

美国以《联邦食品、药品、化妆品法》（FFDCA）为法律依据，以联邦法规第 21 卷（CFR）为技术标准，通过食品接触材料通告（FCN）公布新的产品和要求。美国食品药品管理局（FDA）对进口食品、药品以及食品包装进行管理。根据美国

FFDCA，食品包装材料属于食品添加剂管理的范畴，由美国食品药品管理局（FDA）统一管理。食品添加剂的定义包括了具有明确的或有理由认为合理的预期用到的，直接或间接地添加，或者成为食品的一种成分，或者会影响到食品特征的所有物质。

美国对食品包装材料的管理主要通过联邦法规 CFR 来进行规范。美国联邦法规 CFR 第 21 部分主要规范食品和药品的管理，其中第 170-189 节规范了食品包装材料的管理要求。《21 CFR 174 间接使用的食品添加剂——总论》规定了食品包装材料的通用要求和用于与食品接触的物质的法定限量。其中对与食品接触材料的通用要求为：材料需要按照 GMP 要求生产；材料需要使用符合 21 CFR 170-189 法规中批准的物质；新材料必须经过 FDA 审核和认可才可进入市场。

21 CFR 170-189 对于食品接触材料有非常详尽的管控要求。除通用要求之外，针对纸张、木材、塑料、涂层、橡胶、胶黏剂等均有相应规定，如图 2-1 所示。在不同材料的相应要求章节，既包含该材料生产所允许使用的单体、添加剂、助剂，同时涵盖其纯度、用量等要求，也有对成品的溶出物、特定物质的溶出等测试要求，某些塑料材料还有物理性能（如密度、熔点、分子量、溶解度等）的要求。关于许可使用物质清单和总溶出物测试，美国和欧盟法规体系类似，仅在模拟物和条件选择方面有差异。对于成型品，美国通过控制作为原料的聚合物或单体的安全性来保证终产品的安全。

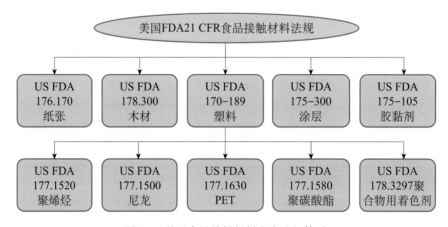

图2-1　美国食品接触材料安全法规体系

（二）欧盟

欧盟食品接触材料法规包括框架法规、专项指令和单独指令 3 个层次。其中，框架法规规定了对食品接触材料管理的一般原则，专项指令规定了框架法规中列举的每一类材料的系列要求，单独指令是针对单独的某一具体有害物质所做的特殊规定。

2004 年年底欧盟发布了（EC）No 1935/2004 法规——欧洲议会和理事会关于拟与食品接触的材料和制品暨废除 80/590/EEC 和 89/109/EEC 指令，是欧盟现行的关于与食品接触材料和制品的基本框架法规，其对食品接触材料管理的范围、一般要求、评估机构等进行了规定。该框架法规适用于预期与食品接触的、可以接触到食品的以及可合理地预料会与食品接触或在正常或可预见的使用条件下会将其成分转移至食品中的材料和制品，包括活性和智能的食品接触材料和制品。其中，对食品包装材料的通用要求是：材料和制品的生产应符合良好生产规范［GMP，（EC）No 2023/2006 法规——关于预期接触食品的材料和制品的良好生产规范］，同时其成分向食品的迁移量不可危害人类健康，不可导致食品成分发生不可接受的变化或导致食品感官特性的劣变。另外，材料和制品的标签广告以及说明不得误导消费者。法规附录 1 给出了特定措施所涵盖的各类材料和制品清单，共 17 类，包括软包装常用的塑料、黏合剂、纸和纸板、印刷油墨等。

在框架法规（EC）No 1935/2004 中列举的必须制定专门管理要求的 17 类材料中，目前仅有陶瓷、再生纤维素薄膜和塑料 3 类材料颁布了专项指令。这些指令及其修正指令对不同材料或制品规定了有害物质的不同限量要求以及加工中允许使用的物质清单。

欧盟 2011 年 1 月 15 日颁布实施了新的塑料专项法规（EU）No 10/2011，并于当年 5 月 1 日生效。新法规将有关塑料材料和制品的一般要求、授权物质清单、特殊迁移限量和测试方法等内容整合，同时对受控塑料制品的范围、某些特殊迁移限量及测试方法等进行了修订。

欧盟已颁布的针对某种物质的单独指令目前有 3 个：78/142/EEC 有关氯乙烯单体且拟与食品接触的材料和制品；93/11/EEC 关于弹性体或橡胶奶嘴和安抚奶嘴中释放的 N-亚硝胺和可转化为 N-亚硝胺的物质；（EC）No 1895/2005 关于在预期接触食品的材料和制品中使用某些环氧衍生物的限制。

（三）日本

日本在 20 世纪 60 年代，经济开始起飞，进入 70 年代后，日本经济进入高速发展时期。伴随着经济的快速发展，日本国民生活水平日渐提升，对食品安全的要求也相应提高；对资源的无限利用及废物产生量的不断增加，使环境受到极大污染与破坏，公害问题以及能源危机问题日益显著。因此，日本政府及相关部门加强了食品安全及环保方面的立法，其中，在食品包装方面也出台了一系列法律法规。

第一个层次，日本建立了以《食品安全法》（2003 年修订前称《食品卫生法》）《环境基本法》（实施于 1994 年 8 月）为主导的基本法律，对食品包装的安全及环保要求作出了基础性约束规定。日本《食品安全法》是一个食品安全方面的总纲性法律。在该法的基础上，日本制定了一系列具体的、某个方面的特定法律。日本《环境基本法》实施于1994年8月，规定了基本环境规划及基本环境计划、物质循环包括自然循环和社会的物质循环概念、环保的基本概念等的基本原则性东西。它是可持续发展观的核心内容，可以说，它是日本政府制定一整套促进建设循环型社会的法规体系的基础。

第二个层次是政府相关部门制定的衍生性法律法规。日本与食品包装相关的部门有经济产业省、厚生省、农林水产省、日本海关等。日本在其《食品安全法》的统辖下，关于食品安全监管和环保方面的立法主要有《食品法规》《食品法规标签要求》《日本包装及容器法规》《容器和包装回收法》《日本促进包装容器的分类收集和循环利用法》《包装容器再生利用法》《日本家庭用品质量标签法》《再生资源利用促进法》《日本资源有效利用促进法》《日本废弃物处理和清扫法》《进口植物检疫条例》《植物防疫法》《植物保护法》《中小企业制品出口统一商标法》《出口商品设计法》等。

第三个层次是日本的行业协会制定的若干行业标准。主要有日本贸易振兴会、日本规格协会、日本农协、日本工业标准委员会（JISC）等。如其制定的有《日用品所含有害物质控制的法律指南》《日本加工食品的质量标注标准》《日本易腐食品质量标注标准》《计量法概述》《日本食品和食品添加剂的标准》《日本有机农产品加工食品标准》《日本食品、餐具、容器、玩具和清洁剂的规格标准和测试》《日本有机农产品标准》《转基因食品标签基准》等。

日本的《食品安全法》是日本控制食品质量安全与卫生的最重要法典。该法的目的是保护人们远离由于饮食导致的健康危险，并帮助改善和促进公众的健康。该法在适用国内产品的同时，同样也适用于进口产品等。该法禁止出售含有毒、有害物质的食品。它规定了食品、添加剂、食品加工设备、食物容器及包装必须符合的标准。如果进口食品未达到这些标准，则不允许进入日本。《食品安全法》要求氯乙烯树脂容器和包装必须进行特定的实验过程以测定镉和铅。对于聚合氯化二酚、有机汞化物等要进行污染控制。包装物禁止使用干草和秸秆。日本对很多商品的技术标准要求是强制性的，并且通常要求在合同中体现，还要求附在信用证上，进口货物入境时要由日本官员检验是否符合各种技术性标准。

为了解决食品包装产生的大量废弃物和促进循环经济，保护环境，日本制定了一系列法律法规，如《环境基本法》《促进建立循环型社会基本法》《废弃物处理法》《资源有效利用促进法》《食品再生利用法》《包装容器再生利用法》《绿色采购法》。为了加强法律法规的执行，日本将垃圾分类纳入当地有警示部门的综合治安管理范畴，如果不执行，将被视作违法行为受到警告或罚款。

二、包装标识法律法规

（一）美国

美国食品标签的通用法规标准主要是《联邦食品、药品和化妆品法》以及《美国联邦法规》两项法规，还有其他涉及食品标签的法规如《食品过敏原标签和消费者保护法》（2004）、《合理包装和标签法》（1966）、《营养标签和教育法》（1990）、《膳食补充剂健康和教育法》（1994）等。美国联邦食品法规第二十一章第 10 I 部分中的食品标签的相关内容是美国食品标签法规的实施细则，其中对食品标签有着详细的说明、解释。

美国按照食品类别对食品标签进行分工监管，食品标签监管涉及多个政府部门。长期以来美国政府一直在不断修订、完善和更新食品营养标签标注的法律法规，使食品标签相关法规能够符合现今社会和人民生活发展的需求，使之在最大限度上确保消费者的饮食健康，美国食品标签制度主体中的主要监管部门包括美国卫生和人类服务部食品药品管理局、农业部食品安全检验局等。

（二）欧盟

欧盟食品标签法规体系主要由 Regulation（ EU）1169 /2011 和与食品标签有关的专项指令构成，其首要考虑的是为消费者提供信息和保护消费者的利益。从管理层次上讲，可以分为"横向"和"纵向"2 个方面。"横向"法规规定了各种食品标签共同的内容，不涉及具体产品的要求，"纵向"法规针对的是各种特定食品标签，对某一类或者某一食品的法规。"横向"法规规定的内容主要包括：一般性食品的标识、外观和广告，食品的营养标签，对于含有过敏原食品的标识，食品的营养和保健声称，预包装产品（质量和容量）的标识，食品包装材料和大小的标识，食品的价格标识和食品批次的标识等（表 2-2），并且通过对 Directive 2000 /13 /EC 不断修订与补充使"横向"的食品标签法规体系逐步达到完善。欧盟的"纵向"法规不仅范围广（表 2-3），在细节上规定得也非常全面，如 2002 年发布的 Directive 2002 /67 /EC 规定了作为调味料而添加的奎宁和咖啡因必须在食品配料中列出名字并标识含量，防止消费者过量食用。同时，根据出现的食品安全问题不断调整相关的法律法规，使"纵向"法规不断完善，如英国暴发疯牛病以来，欧盟建立和完善了一系列关于牛肉标签的法规，建立了识别和登记活牛以及牛和牛肉产品的标签体系。

表2-2　欧盟"横向"食品标签的主要法规

序号	法规/指令/决议	主要内容
1	Directive 2000 /13 /EC（2014 年 12 月 13 日废止）	食品标签、说明和广告的指令
2	Directive 2001 /101 /EC	关于协调各成员国有关食品的标签、说明和广告，是对指令 2000 /13 /EC 的修订
3	Directive 2003 /89 /EC	2003 年修订食品配料中有关过敏原的标识，是对指令 2000 /13 /EC 的修订
4	Directive 2005 /26 /EC	2005 年修订食品配料中有关过敏原的标识，是对指令 2000 /13 /EC 的修订
5	Directive 2005 /63 /EC	2005 年修订食品配料中有关过敏原的标识，是对指令 2000 /13 /EC 的修订
6	Directive 2006 /107 /EC	更改有关供人消费速冻食品和有关食品的标签、说明和广告的指令（主要是国家和表达语言的增加），是对指令 2000 /13 /EC 的修订
7	Directive 2006 /142 /EC	2006 年修订食品配料中有关过敏原的标识，是对指令 2000 /13 /EC 的修订
8	Directive 2007 /68 /EC	2007 年修订食品配料中有关过敏原的标识，是对指令 2000 /13 /EC 的修订
9	Regulation (EU) No 1169/2011	关于向消费者提供的食品信息的规定，修订了指令 1924 /2006 /EC、条例 1925 /2006 /EC 和条例 1925 /2006 /EC，废除指令 87 /250 /EEC、指令 90 /496EEC、指令 1999 /10 /EC、指令 2000 /13 /EC、指令 2002 /67 /EC、指令 2008 /5 /EC 以及条例 608 /2004
10	Directive 2008 /5 /EC	某些特殊食品标签上指令 2000 /13 /EC 规定之外内容的强制性标示
11	Directive 90 /496 /EEC	关于食品营养标签
12	Directive 2003 /120 /EC	是对指令 90 /496 /EEC 的修订
13	Regulation (EC) No 1924/2006	关于食品的营养和保健声称，是对指令 2000 /13 /EC 的补充
14	Regulation (EC) 109 /2008	关于食品营养和健康声称，是对指令 1924 /2006 的修订
15	Regulation (EU) 116 /2010	是对指令 1924 /2006 食品营养和健康声称列表的修订
16	Directive 89 /386 /EEC	食品批次的标识
17	Regulation (EC) 178 /2002	关于欧盟销售食品上市前施加追溯标签的要求
18	Directive 76 /211 /EEC	预包装产品（质量和容量）的标识
19	Regulation (EC) No 1935 /2004	食品包装材料的标识
20	Directive2007 /45 /EC	产品包装大小的标识
21	Directive98 /6 /EC	产品价格标识（包括食品和非食品）

表2-3　欧盟"纵向"食品标签的主要法规

分类	法规/指令/决议	主要内容
1.营养或过敏类	1-1 Directive 2002/67/EC	关于含奎宁食品、含咖啡因食品标识的规定
	1-2 Directive 608/2004/EC	关于添加甾醇类物质的食品和食品配料的法规
	1-3 Regulation(EC) 41/2009	关于麸质不耐受人群可用食品的成分和标签
	1-4 Directive 1999/4/EC	关于咖啡提取物和菊苣提取物制品标签的指令
2.婴幼儿食品	2-1 Directive 2006/41/EC	关于婴儿配方食品和较大婴儿配方食品
	2-2 Regulation(EC) 1243/2008	是对 Directive 2006/41/EC 的修订
	2-3 Directive 2006/125/EEC	用于婴幼儿产品的谷类食品的标识
3.特殊膳食	3-1 Directive 89/398/EEC	特殊营养用途的食品标识
	3-2 Directive 96/8/EC	有关减肥用能量控制饮食食品的标识规定
	3-3Directive 1999/21/EC	特殊医疗用途的疗效食品的合成和标识要求
4.肉类	4-1 Regulation(EC) 1760/2000	关于牛的鉴定注册和注册体系及牛肉产品的标签
	4-2 Regulation(EC) 1825/2000	对 Regulation(EC) No 1760/2000 的修订
	4-3 Regulation(EC) 275/2007	对 Regulation(EC) 1825/2000 的修订
5.酒类和饮料	5-1 Regulation(EEC) 1601/91	关于加香葡萄酒、加香葡萄酒饮料和加香葡萄鸡尾酒的定义、说明和宣传的通用规定
	5-2 Regulation(EC) 110/2008	关于烈性酒的定义、说明、宣传、标签和地理标志保护
	5-3 Directive 87/250/EEC	关于酒精饮料的标识
	5-4 Regulation(EEC) 1576/89	关于烈酒的定义、描述和外观的总则
	5-5 Regulation(EC) 1493/1999	关于某些葡萄酒产品的描述、外观和保护
	5-6 Regulation(EC) 753/2002	葡萄酒和其余酒类的标识
	5-7 Directive 80/777/EEC	关于天然矿泉水的标识
6.糖类和蜂蜜	6-1 Directive 2001/111/EC	关于某些供人类使用的糖类
	6-2 Directive 2001/112/EC	关于人类消费的果汁及类似产品的理事会指令
	6-3 Directive 2009/106/EC	对 Directive 2001/112/EC 的修订
	6-4 Directive 2000/36/EC	关于供人类食用的可可和巧克力产品的指令
	6-5 Directive 2001/113/EC	关于供人类食用的水果果酱、果冻、柑橘酱和甜栗子酱的指令
	6-6 Directive 2001/110/EC	关于蜂蜜制品标签的指令
7.奶类	7-1 Regulation(EC) No 299/94	关于涂抹用脂肪（含奶及不含奶）的定义、标识和销售
	7-2 Directive 2001/114/EC	关于供人类食用的某些部分或完全脱水保存乳品的理事会指令
	7-3 Directive 83/417/EEC	关于人类消费的可使用酪蛋白和酪蛋白酸的标识

续表

分类	法规/指令/决议	主要内容
8.转基因食品	8-1 Regulation(EC) No 1139 /98	关于对某些转基因物质食品实行强制性的标签
	8-2 Regulation(EC) No 1830 / 2003	关于转基因生物体及由转基因生物体生产的食品和饲料产品的追溯和标识
	8-3 Regulation(EC) No 1829 / 2003	关于转基因食品和饲料的标识
	8-4 Regulation(EC) No 50 /2000	关于食品或食品配料中添加含有转基因成分的添加剂和调味料的标签要求
9.有机食品	9-1 Regulation(EC) No 834 /2007	关于有机生产及有机产品标签
	9-2 Regulation(EC) No 889 /2008	关于有机生产及有机产品标签的实施细则
	9-3 Regulation(EC) No 344 /2011	对 R egulation(EC) No 889 /2008 的修订
	9-4 Regulation(EEC) 2092 /1991	关于标识有机产品生产和管理的要求规范
	9-5 Regulation(EC) 331 /2000	修订关于农产品的有机生产及其在农产品和食品上的标示的理事会条例 (EEC) No 2092 /91 的附件 V
10.地理标志产品	10 Regulation(EEC) 2081 /1992	有关标注地理标志和原产地标记产品加强保护的规定
11.辐照食品	11 Directive1999 /3 /EC	有关辐照食品和食品成分的标识
12.速冻食品	12 Directive89 /108 /EEC	有关速冻食品的标识

（三）日本

1. 实行"食品身份证制度"

日本政府《农林物资规格化和质量表示标准法规》（JAS）修正案中规定，自 2001 年 4 月 1 日起，对制造、加工、进口的加工食品都要执行新的商品明确标记制度，其标记的内容包括产品名称、制作原材料、包装容量、流通期限、保存方法、生产制造者名称（进口产品还要标明进口商的名称或个人姓名）以及详细地址。

2. 基因改良食品标识规定

日本农林水产省修订的《农林物资规格化和质量表示标准法规》（JAS）要求加强对有机农产品和食品的认证、标识管理，规定在日本市场上出售的有机农产品应带有认证标识，销售者（但餐饮业不受此限）对其出售的食品的原产地、化冻（或是生鲜）和养殖地都要明确标示出来。同时要求，从 2001 年 4 月 1 日起，30 项基因改良食品必须予以明确标示，制造、加工、进口的加工食品都要执行新的商品明确标记制度，其标记的内容包括产品名称、制作原材料、包装内容量、流通期限、保存方法、生产制造者名称（进口产品还要标明进口商的名称或个人姓名）以及详细的地址。

3.营养标签要求

日本厚生劳动省要求食品制造商根据厚生劳动省的《营养标签指南》，在标签上提供食物营养信息。必须包含：①热量（卡路里）；②蛋白质（克）；③脂肪（克）；④糖或碳水化合物（克）；⑤钠（毫克或克）；⑥其他。每种成分的含量在成分名称后用括号标明（例如：100g、100mL 等）。此外，厚生劳动省还对特定的与健康有关的成分进行了规定。例如：对于纤维、蛋白质、维生素等营养成分，如果用了"富含"或"包含"等词语，规定必须要符合厚生劳动省的最小含量标准。对于热量、脂肪、饱和脂肪酸、糖、钠等成分，如果用了"低于"或"没有"等词语，必须符合厚生劳动省的最大含量标准。为了特定健康用途（FOSHU）的食品是指那些添加了某种具有特别功能成分的食品。为了证明具有特别的健康效用（例如，降低胆固醇），厚生劳动省必须进行审查和核实。国外产品若证明产品的特定健康用途，需向厚生劳动省的食品安全部门咨询并递交申请。国内营养机构将对产品进行检测，如果检测通过，厚生劳动省会通知申请者。

4.原产地标签

自 2000 年 12 月起，在日本市场上销售的食品都必须标注原产地。关于食品原产地标签要求，要符合日本《农林物资规格化和质量表示标准法规》的规定，此次 JAS 修改后，标记制度的内容更繁杂，实施的对象范围更广泛，尤其是从 2001 年 4 月 1 日起，该法规对认证、标识管理要求适用于一切加工食品，日本产的要标明养殖区域或水域名称，进口的要标明原产国名和生产区域名称。自 2002 年 4 月 1 日起，日本政府要求在日本市场所有出售的农产品、水产品和畜产品都必须清楚地标明原产地。2004 年 4 月，日本农林水产省对加工食品的质量标签标准作出修正；扩大须标明原产地的加工食品范围；对无义务标明原产地的加工食品，规定须有防止对原产地产生误导性的标示。日本还经常对水产品品质和原产地标识进行检查，甚至对标识为"国产"的鳗鱼加工品进行 DNA 分析，并在官方网站上公布检查结果。

第三章 主要农产品包装标识要求与应用示例

一、包装材料

包装材料是指用于包括包装容器在内的构成产品包装的材料总称。通常所说的包装材料既包括纸、金属、塑料、玻璃、陶瓷、竹木、棉麻、布料等主要包装材料，还包括缓冲材料、涂料、黏合剂、装潢与印刷材料等辅助包装材料。

为了实现包装的功能，根据使用要求，包装材料通常需要具备以下几个功能。

● 机械性能和机械加工性能。包括抗压强度、拉伸强度、耐撕裂强度、耐戳穿强度、硬度等。

● 物理性能。包括耐热性和耐寒性、透气性或阻气性、透光性和遮光性、对电磁辐射的稳定性和屏蔽性以及保温、散热性能等。

● 化学性能。包括耐腐蚀性、耐化学药品性和在特殊环境中的稳定性以及重量等。

● 环保性能。指包装材料对环境的影响，包括是否易于自然降解、是否易于回收和循环利用等。

● 安全性能。指包装材料接触农产品后对人体健康的不良影响。

● 经济性能。主要指包装材料的价格要合理。

包装要求的其他特殊性能如封合性、印刷适性等。

由于采收后的农产品大多仍在进行生命活动，这就要求在选择包装时，不仅要做到对农产品的机械保护，还应该充分考虑所包装农产品的生理特征，实现对农产品的防腐保鲜。如果蔬保鲜包装需要选择有适当的气体和水蒸气透过性的包装容器，避免包装"微环境"内二氧化碳和乙烯浓度过高，必要的时候还需要结合气调技术和保鲜剂来进行保鲜贮藏。因此，活性包装材料的研发越来越受到农产品包装行业的青睐。

二、包装形式

包装材料是农产品包装的物质基础，选择恰当的包装材料是包装工艺首先考虑的要素，而包装形式是包装工艺中科学性、经济性、实用性、美观性的重要表现形式。其科学性主要表现为包装形式需要首先考虑农产品本身的性能，主要包括产品的外形、物态、强度、结构、重量、价值、危险性等。基于农产品自身特点，充分衡量农产品对抗压、抗拉、抗扭、抗弯、抗震能动力学因素的需求。合适的包装形式，不仅可以更好地保护农产品，提高农产品包装的美观性，还能降低农产品在流通环节的运输成本和损耗率。例如，制成同样容积的包装，使用塑料材料比使用玻璃、金属材料轻得多，这对长途运输起到节省运输费用、增加实际运输能力的作用。塑料包装材料在其拉伸强度、刚性、冲击韧性、耐穿刺性等机械性能中，某些强度指标较金属、玻璃等包装材料会差一些，但较纸材要高很多。在包装行业中应用的塑料材料，某些特性可以满足包装的不同要求，如塑料良好的抗冲性优于玻璃，能承受挤压；可以制成泡沫塑料，起到缓冲作用，保护易碎物品等。

三、标签的基本内容

纵观各国的标签法律法规，一般来说，标签的内容包括以下几个方面。
● 强制性标注的内容。
● 其他强制性标注的内容。
● 豁免标注的要求。
● 食品标签的文字语种要求。
● 标签规定中有关宗教的特别考虑。
下面是世界各国对这 5 个部分的具体要求。

（一）强制性标注的内容

强制性标注的内容一般包括食品名称、配料表、净含量/沥干物、厂商名称、原产国、批次、日期标示与贮藏指南以及食用方法等。各国具体规定见表3-1。

表3-1　强制性标注内容

国家或地区	食品名称	配料表	净含量/沥干物	厂商名称	原产国	批次	日期标示与贮藏指南	食用方法
CAC	√	√	√	√	√	√		√
中国	√	√	√	√	√		√	
日本	√	√	√	√	√		√	√
美国	√	√	√	√	√	√ᵃ	√	√
欧盟	√	√	√	√			√	√
韩国	√	√	√	√		√	√	ᵇ
俄罗斯	√	√	√	√	√		√	
澳大利亚和新西兰	√	√	√ᶜ	√		√	√	√

注：a 批次仅限于低酸罐头食品、酸化食品以及婴幼儿食品；日期标示与贮藏指南和食用方法仅限婴幼儿食品。

　　b 食用方法仅适用于冷冻食品。

　　c 无须标注沥干物。

（二）其他强制标注的内容

其他强制性标注的内容见表3-2。

表3-2　其他强制性标注的内容

国家或地区	内容	法律
中国	生产许可证编号，产品标准代号，经电离辐射线或电离能量处理过的食品须在食品名称近旁标明"辐照食品"，辐照配料也须在配料表中加以说明	《GB 7718—2011》
日本	各类食品的特殊标注内容： 矿泉水、冷冻果汁、罐头、 方便面、乳及乳制品、 辐照食品、有机食品等 对易腐食品公布来源（肉、海产品、乳制品）	《食品卫生法》 （农业标准化法，JAS法）
美国	营养信息： 营养成分 表述方式 营养素参考值 一次食用量等	（Nutrition labeling and Education Act, NLEA, 1990）营养标签与教育法； 21CFR 101.9–101.69 美国联邦法规 CFR 的"营养标签"章节

国家或地区	内容	法律
欧盟	辐照食品：产品需按输入国要求标示"经辐照／电离辐射处理"字样； 转基因食品：标注 GMO 的来源，过敏原，伦理学考虑以及不同于普通食品的成分，营养价值和效果等信息。 饮料酒：酒精度超过 1.2% 的饮料，需标明酒精含量	2000/13/EC 87/250/EEC
韩国	茶、饮料、特殊营养食品、健康补充食品等应标示食品类型； 容器、包装材料的标示要求； 其他说明或警示性标示内容（辐照食品、饮料酒、含苯丙氨酸的食品、易腐食品等）	《食品标签标准》 (Labelling Standards for Foods)
俄罗斯	生产依据的规范性文件名称、食品证书的内容； 辐照食品：不允许使用辐照食品或辐照食品配料； 转基因食品：需提供转基因食品成分及来源，若转基因成分未超过 5% 的可免标注	标准：GOST R 51074–97
澳大利亚和新西兰	防止误导和欺诈的必要说明和警示：如乳制品中必须在主要展示版面以大于 3mm 字体高度注明"不能完全替代婴儿食品"，可能的致敏成分，多元醇糖"过量食用可能产生通便影响"等，另外对辐照食品、运动配方食品、婴儿食品以及膳食补充剂等还有具体要求	食品标准法典 (Food Standards Code)

（三）豁免标注的要求

各国豁免标注的要求见表 3-3。

表3-3　豁免标注的要求

国家或地区	内容	法律
中国	当预包装食品包装物或容器的最大表面积小于 $10cm^2$ 时，可以只标示产品名称、净含量、生产者（或经销商）的名称和地址； 酒精度大于等于 10% 的饮料酒、食醋、食用盐、固态食糖类、味精可不标示保质期	《GB 7718—2011》
日本	容器包装面积为 $30cm^2$ 以下的食品，可省略标示组成成分、最佳食用期限（最短保存期）或保质期、贮藏说明	《食品卫生法》
美国	散装食品、不同花色品种的食品的混合包装应以其他方式（柜台卡片、标志或适当说明）告之消费者有关标签信息	21 CFR 101
欧盟	餐饮业消费的食品（大包装附随产品说明：包括食品名称、制造厂商名址、保质期）	2000/13/EC
	小包装食品（最大表面积小于 $10cm^2$ 的包装或容器）只标出食品名称、净含量和保质期	2003/89/EC

国家或地区	内容	法律
韩国	属立即制作、加工并销售的食品，可将标示事项（只标注食品名称、厂名、制造时间、保管和处理方法）标示在陈列柜或其他标示牌上。 散装销售食品：如果冻、糖果等，需在大包装上标示品名、生产厂商、生产时间等。 非定型包装食品：蔬菜、水果、豆腐、腌菜等	《食品标签标准》（Labelling Standards for Foods）
俄罗斯	生产供自己消费的食品	标准：GOST R 51074-97
澳大利亚和新西兰	散装食品和无法加贴标签的小包装食品	食品标准法典（Food Standards Code）

（四）食品标签的文字语种要求

食品标签的文字语种要求见表3-4。

表3-4 食品标签的文字语种要求

国家或地区	内容	法律
中国	汉字，其他语种必须与汉字有对应关系，外文不得大于相应的汉字	《GB 7718—2011》
日本	日文	《食品卫生法》
美国	英文，并可同时标注其他文字	21 CFR 101
欧盟	欧盟内进口国语言，并可同时标注其他文字	2000/13/EC
韩国	韩文，进口食品可同时标注其他文字	《食品标签标准》
俄罗斯	俄文	标准：GOST R 51074-97
澳大利亚和新西兰	英文，并可同时标注其他文字	食品标准法典

注：除日本和俄罗斯外，其他各国均允许在本国法定语种的基础上使用其他国家的文字，对促进食品贸易的发展有积极作用。

（五）标签规定中有关宗教的特别考虑

主要考虑的是猪肉、猪肉脂肪及其衍生物、牛肉、牛肉脂肪及其衍生物、含酒精食品的配料标示。

如澳大利亚和新西兰的食品标签标准中规定了"含猪肉成分的食品需作特别声明"。

（六）鲜活农产品标签标识的基本要求

我国除了《食品安全国家标准 预包装食品标签通则》（GB 7718—2011）这一强制性标准，针对鲜活农产品标签标识还有一个推荐性标准《鲜活农产品标签标识》（GB/T 32950—2016），其中，规定最低限度基本要素包括：

● 产品名称。反映农产品真实属性的规范名称或公认名称。

● 质量状况。农产品包装物上应标明该产品执行的标准名称和标准号，无公害农产品、绿色食品、有机农产品的质量标志使用权的鲜活农产品，应该在产品上标注认证标志和发证机构的名称和标志。

● 产地。鲜活农产品的种植、采集、收获、养殖、捕捞等的产地名称。

● 生产日期。鲜活农产品的生产日期，植物产品如新鲜水果和蔬菜应标明收获或采摘日期，动物产品如水产品和畜禽产品应标明捕捞或屠宰、分割日期，活体畜禽应标明出栏年龄，鲜蛋产品应标明产蛋日期。

● 贮存条件与保质期。不同贮藏方法情况下的保质期。

● 生产者和（或）经销者的名称、地址和联系方式。

● 净含量和规格。

● 安全标识。农药残留、兽药残留、重金属含量等符合强制性国家标准要求。

● 营养标识。鲜活农产品的营养标识可参照 GB 28050 的规定执行。

● 其他要求。包括转基因鲜活农产品的标签标识应符合相关法律、法规的规定等。

四、包装与标识的综合应用及最佳设计

在现代商品经济中，农产品的包装和标识基本上是综合应用的。一方面，包装需要设计。包装是产品品牌建设的重要组成部分，是经营活动的重要内容之一。另一方面，标识也需要精心安排，与外包装和谐相融，成为一个完美的有机整体。这样的有机整体，除了具有保护商品、方便流通的功能以外，还具有宣传商品品牌、塑造商品形象、引导消费者等一系列功能。所以农产品的包装与标识的设计对农产品的品牌塑造至关重要。因此，农产品的包装设计要综合考虑包装材料与包装物的匹配，以及成本、储运等因素，既要美观大方，又要经济适用、绿色环保；而且要在包装上进行恰到好处的标识，以体现农产品的品质特征和独有的地域特色与义化内涵，从而充分彰显品牌价值，达到包装标识设计的最终目的。

第二节　茶叶包装标识要求与应用示例

茶叶是我国的国饮，与丝绸和瓷器一起被誉为"东方文明象征"，是古代丝绸之路上的重要商品。商品的流通必定需要包装，虽然茶叶是一种干制品，保存时间较长，但是它也易受潮、易氧化和易碎。随着茶叶的贸易流通，其保存、运输问题的出现，茶叶包装自然孕育而生。近代以来，随着茶叶消费市场的扩大和多样化产品的出现，以及包装工业的快速发展，茶叶的包装也变得多样化，无论是包装材料、包装形式，还是包装标识的设计，都越来越丰富。各种包装技术的出现有力地推动了中国茶产业的持续健康发展。

一、茶叶产品对包装的基本要求

中国茶叶产品种类繁多，包装形式丰富多样。不同茶叶产品对包装的要求有所差异，如绿茶对包装的密封性要求较高，密封性不好时，绿茶中的多酚类物质会被氧化，叶绿素被破坏而变黄，绿茶本身的清香会逐渐散失，还会吸附周围环境中的各种气味，香气和滋味都会变差，甚至变质不能饮用。但是云南普洱茶、安化黑茶等后发酵茶类一般不用密封袋来包装，主要使用棉纸、篾篓等透气性材料来包装，以利于后期的转化和品质提升。

总体上，茶叶都具有吸湿性、氧化性、吸附性、易碎性等基本特征。因此不管是哪种茶叶产品，包装的主要作用是相同的，即保质和促销，应满足以下基本要求。

● 包装材料应提倡绿色、环保、节能和简洁。

● 内包装材料一般应具有牢固、无毒、防潮、遮光等作用；外包装材料应具有保护茶叶固有形态、抗压的功能，便于装卸和运输。

● 包装材料应符合相关的卫生要求，直接接触茶叶的包装材料必须是食品级的，并保持清洁、干燥、无毒、无异味。不得使用有毒塑料、油墨印刷纸张、含有荧光染料的材料，不得使用盛装过其他物品的食品袋。

● 包装材料和标签标识应符合相应的国家标准和其他标准。

● 包装设计要在能够满足茶叶保质需求的基础上做到实用、简洁、美观，满足人们对审美的要求。

总之，理想的茶叶包装应当具备保质、环保、醒目、理解、好感、便利和合规的要求。

二、包装材料

茶叶包装的一个重要作用是保持茶叶在加工、销售、存储和流通领域中的品质，防止和减少茶叶的色、香、味和营养成分变化，并方便购买后的携带、贮藏和运输。

制作茶叶包装容器的材料主要包括纸、塑料、金属、陶瓷、玻璃、木材及以上几类材料间的组合。

（一）纸

纸材料具有透气、吸水的特性，所以单层的纸包装材料缺乏必要的阻隔性能，一般不用作茶叶保鲜的内包装。用于茶叶包装的纸盒、纸罐等需要内衬塑料袋或复合袋。

但是也有一些直接用纸包装茶叶的例子：

1. 滤纸包装的袋泡茶

袋泡茶滤纸（图3-1），国外常用漂白马尼拉麻浆及长纤维化学木浆构成，国内则常用桑皮韧纤维和漂白化学木浆制造。袋泡茶滤纸具有较大的湿强度和一定的过滤速度，耐沸水冲泡，同时可以适应袋泡茶自动包装机包装的干强度和弹性，而且没有影响茶叶的异味，符合卫生要求。

图3-1　袋泡茶滤纸

2. 棉纸包装的紧压茶

棉纸价格低廉，质量轻，易折叠无异味，常用于紧压茶（茶砖、茶饼）的包装，云南的普洱茶、沱茶大多用棉纸包装。但是棉纸较薄，在运输中容易蹭破，所以该类包装的外面需要配硬纸盒或木盒进行保护（图3-2）。

图3-2　纸包装普洱茶

3.牛皮纸包装的龙井茶

图3-3 牛皮纸包装龙井茶

牛皮纸是高级包装纸，因其质量坚韧结实似牛皮而得名，有较高的耐破度和良好的耐水性。传统的龙井茶包装，通常选用牛皮纸（图3-3）。但是目前单纯的牛皮纸包装的龙井茶也越来越少见了，一方面是其他包装材料的替代使用，另一方面是牛皮纸的阻气性能欠佳。目前用于茶叶包装的牛皮纸，大多也都进行了改良，主要是与塑料材料一起制成复合材料，或者在包装外面用塑料膜塑封，从而增强牛皮纸的防潮阻氧性能，以适应茶叶包装的要求。

4.纸盒

在应用上，纸材广泛用作茶叶的外包装，如销售包装盒、罐、礼品盒、运输包装箱等（图 3-4）。

图3-4 纸质茶叶盒、茶叶罐、茶叶礼盒、纸板箱

此外，纸材作为复合材料的基材，用于生产纸塑复合包装袋、防潮涂膜纸质包装袋等阻隔性复合材料，以适用于茶叶包装，如常见的牛皮纸铝箔袋等（图 3-5）。

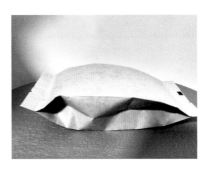

图3-5 纸塑复合袋、牛皮纸铝箔袋

（二）塑料

塑料包装材料广泛使用在茶叶包装中，不论是大包装还是小包装，常使用塑料材料以增强防潮阻氧的功能（图3-6）。用于茶叶包装的塑料有很多种，如聚乙烯（PE）、

图3-6 用于茶叶包装的塑料袋

聚丙烯（PP）、聚酰胺（PA polyamide）或尼龙（NY nylon）、聚酯（PET polyester）、聚乙烯醇（PVA）或维尼龙（VINYL）、乙烯—乙烯醇共聚物（EVOH）等。由于塑料遮光性、抗压性、美观性不足，茶叶包装很少只用单纯一种塑料。塑料常用作茶叶的内包装，配合硬纸、金属等外包装使用；或者用塑料薄膜对其他材料包装的茶叶进行包覆，以提高整件包装的密闭性。在茶叶运输包装上，塑料也常作为其他包装材料的内衬袋。

赵素芬和刘晓艳研究了塑料包装材料对茶叶生化成分的影响，发现复合型塑料，尤其是加入了铝箔的复合膜的保鲜性能较好，因此生产厂家要权衡选择阻隔性能良好的包装材料而导致生产成本上升与贮藏保鲜等级提高而使得茶叶价格平衡所带来的经济效益之间的关系。不同塑料包装材料处理绿茶中各化学成分差异性比较见表3-5。

表3-5 不同塑料包装材料处理绿茶中各化学成分差异性比较

化学成分	包装材料				
	低密度聚乙烯（LDPE）	双向拉伸聚丙烯/聚乙烯复合膜（BOPP/PE）	双向拉伸聚丙烯/聚对苯二甲酸乙二酯/聚乙烯复合膜（BOPP/PET/PE）	玻璃纸/铝箔/聚乙烯复合膜（PT/Al/PE）	双向拉伸聚丙烯/铝箔/聚乙烯复合膜（BOPP/Al/PE）
水分	8.12 ± 0.14	6.55 ± 0.24	5.70 ± 0.17	5.46 ± 0.21	4.42 ± 0.19
茶多酚	32.45 ± 0.24	32.69 ± 0.05	32.82 ± 0.04	32.41 ± 0.57	32.48 ± 0.06
氨基酸	2.96 ± 0.13	3.07 ± 0.09	3.28 ± 0.52	2.95 ± 0.06	3.10 ± 0.07
水溶性浸出物	42.44 ± 0.11	42.91 ± 0.09	42.42 ± 0.08	45.56 ± 0.07	46.30 ± 0.04
抗坏血酸	0.051 ± 0.005	0.112 ± 0.003	0.125 ± 0.003	0.134 ± 0.003	0.143 ± 0.049

注：表中数据为各类物质的百分含量

（三）金属

用于茶叶包装的金属材料基本上可分为钢系和铝系两大类。金属材料能完全阻隔影响茶叶品质的水蒸气、氧气、光线，抗压性能好，是茶叶包装的理想材料之一，且外表美观大方、高贵典雅，常用来制作名茶的外包装（图3-7）。不足之处在于金属容器成本偏高，但是如果消费者和商家能够提高回收利用意识，则可大大降低包装成本。

图3-7　多种规格的金属茶叶盒

金属制作的茶叶罐可直接用于存放茶叶，最为常见的是采用马口铁（镀锡薄钢板）制作的铁罐，此外也有以锡、银、铝等材料制成的茶叶罐，比如近年来流行的小罐茶是以铝罐为包装材料。铝在茶叶包装上的另一个重要用途是与其他材料复合制成铝箔袋。

（四）复合材料

包装业中的传统包装材料——纸、塑料、金属等，一直广泛使用在茶叶包装中，但单一的材料对于茶叶包装的高防潮、高阻氧、遮光、抗压等要求，尚不能完全满足。因此，复合包装材料的性能要比单一传统包装材料优越，在现代茶叶包装中使用越来越多。复合材料，是指由两种或两种以上的具有不同性能的物质结合在一起组成的材料。常见的复合包装材料有玻璃纸／塑料、纸／塑料、塑料／塑料、纸／金属箔、塑料／金属箔、玻璃纸／塑料／金属箔等（图3-8）。部分茶叶常用的复合包装材料的性能见表3-6。复合包装材料的包装形式多种多样，有三面封口形、自立袋形、折叠形等。

常见的铁观音茶包装就是一种典型的用复合塑料薄膜材料制成的软包装袋（图3-8左上）。铁观音由于外形卷曲紧结，呈球形，紧缩包装袋后能保证外形原状，不容易断碎，大多采用复合塑料袋、铝箔袋抽真空包装，可以在保证茶叶质量和味道下延长保存时间。

表3-6 部分茶叶复合包装常使用的材料的性能

材料和性能	防潮性	防油污性	防异味性	阻氧性	避光性
铝箔 / 纸	中	中	中	差	优
拉伸聚丙烯 / 聚乙烯	优	优	良	差	差
拉伸尼龙 / 聚乙烯	良	优	优	优—良	差
聚酯 / 聚乙烯	优	优	优	优—良	差
玻璃纸 / 聚乙烯	良	良	良	差	差
聚偏二氯乙烯 / 聚乙烯	优	优	优	优	差
聚酯 / 铝箔 / 聚乙烯	优	优	优	优	优—良
拉伸聚丙烯 / 铝箔 / 聚乙烯	优	优	优	中	优—良

图3-8 一些常见的复合材料制成的软包装茶叶袋

（五）竹木

竹木是我国自古以来就用于茶叶包装的材料，由无毒、环保的天然材料制成，在大量新材料涌入茶叶包装市场的今天仍具有一定的使用量（图3-9）。由于竹木具有良好的抗摔性与抗腐蚀性，材料成本低，而且竹木做成的包装容器样式丰富多彩，能在其上进行精细的加工，如雕刻、绘画等，观赏性强，整体给人古朴和绿色原生态的感觉，主要用于中高档茶叶的外包装。

黑茶散茶的包装主要用竹制的以人字形斜纹编织而成的容器，称为篾篓，竹篾篓透气性好，有利于黑茶的陈化成熟。古代黑茶的产地也盛产竹子，古人就地取材，经过长期的摸索和实践，形成了这一传统，并一直延续了下来。

此外，在茶叶的大包装运输中有时也用到木制包装材料，如木板箱、胶合板箱等。

图3-9 几种竹木制作的茶叶包装

（六）玻璃

玻璃材料具有非常好的化学惰性和稳定性以及很高的抗压强度，对空气以及外界环境中的异味物质均能完全阻隔，对于茶叶包装的阻隔要求来讲，玻璃不失为一种优良的包装材料，能够保证茶叶不受潮变质。但是玻璃包装的主要缺点在于抗冲击强度不高，易碎，密度大，增加了运输费用。目前在茶叶包装中玻璃容器的封口形式常采用塞盖和滑盖，以方便存取和再次封口，所以有时存在封口不良而影响茶叶储存品质的情况。

玻璃作为茶叶包装材料，肉眼就可以从外面看到内部茶叶的全景（图3-10）。这个优点的存在有助于人们很直观地看到里面茶叶的状况及品质，而这一点是其他绝大部分茶叶包装材料所不具备的。但是透明的玻璃不适合较长时间储存茶叶，光照会导致茶叶褐变等情况发生。当然玻璃也可以根据需要制成某种颜色，或者外表涂覆遮光材料，以屏蔽紫外线和可见光。但是这样也就失去了玻璃材料透明的最大优点，与其他材料相比，在茶叶包装上就没有优势。总体来说用玻璃作为茶叶的包装材料不多，只有在销售展示、短时间储存茶叶时用作存放容器。

图3-10　玻璃茶叶罐

（七）陶瓷

陶瓷是我国传统的茶叶储存容器，目前已经较少用于茶叶的包装。陶瓷可避光，但与玻璃相似，易碎、沉重，而且陶瓷的成本较高，不是理想的茶叶包装材料。但是陶瓷罐耐用、美观、形态固定、且具有一定的艺术收藏价值。陶瓷是中华文明悠久历史的代表性产品之一，用其作为茶叶包装材料显得庄重有历史感，更能体现茶文化，因此有些高端的茶叶产品也有采用陶瓷作为包装材料（图3-11）。

图3-11　陶瓷茶叶罐

（八）纳米材料

纳米复合材料具有比普通材料更好的可塑性、阻隔性、稳定性、抗菌性、保鲜性等某些物理化学以及生物性能，近年来在食品包装业得到越来越多的应用。但是纳米材料在茶叶的包装上还很少，虽然已有科学研究表明纳米包装材料对绿茶的保鲜作用显著好于普通材料。章敏（南京农业大学，2009年）在其硕士论文中研究发现，在整个贮藏过程中，纳米包装组的感官总分一直高于普通包装组，并且随着贮藏时间的增加而越来越显著，如图3-12所示，这表明纳米材料对于保持绿茶贮藏过程中的感官品质有着积极的作用。未来随着纳米技术的成熟以及成本的下降，相信其在茶叶包装上会得到一定的应用。

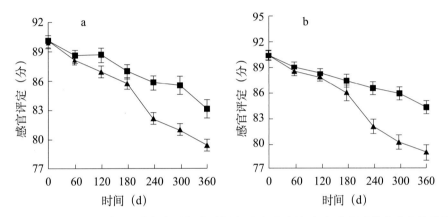

图3-12 纳米包装材料和普通包装材料对绿茶碧螺春（a）和青峰（b）贮藏过程中感官品质的影响
（三角形为普通包装，方形为纳米包装）

三、包装形式

根据茶叶不同的流通环节，茶叶包装总的来说可分为两大类，即运输包装和销售包装，也就是我们常说的大包装和小包装，也称外包装和内包装。内包装必须具有牢固、无毒、密封（普洱茶、黑茶除外）、防潮、遮光等作用，以软包装为主；外包装材料应具有保护茶叶固有形态、抗压的功能，便于装卸、运输，属于硬包装。这两类茶叶包装的形式也是多种多样，不同形式的茶叶包装，在茶叶的保护和保质效果上有一定的差异。

（一）茶叶运输包装形式

茶叶的运输包装必须牢固、防潮、整洁、美观、无异味，便于装卸、仓储和集装化运输。同一批次、同一品种的茶叶应采用相同的运输包装。茶叶的运输包装主要分为箱装和袋装两种形式，根据包装材料的不同分为以下几种主要的形式。

1. 胶合板箱

胶合板箱是用普通木档和胶合板钉制而成的一类木包装箱（图3-13）。箱体由6块胶合板以连环式拼接，箱内用12根木档支撑，木档紧贴箱角，根据固定方式的不同又分为搭攀箱和包角铁皮箱。胶合板箱是目前出口茶主要使用的包装，也用于部分高档内销茶的运输包装，其规格较多，能装茶25～45 kg。胶合板箱结实耐用，是一种比较好的运输包装，但是成本较高，对木材资源消耗大，随着环保要求的提高，胶合板箱使用范围将变窄，使用量也将减少，特别是出口受到的限制越来越多。目前，市场上也出现了胶合板箱的改进形式，即用竹胶板、金属板及其他材质的框架组合来代替木框架，在重量、性能及价格方面优于纯木材框架包装。

图3-13　胶合板箱

2. 瓦楞纸箱

瓦楞纸箱是目前我国用量较大的一种通用包装箱，主要用于品质较好的毛茶或精制茶的储运（图3-14）。瓦楞纸箱由一片或二片瓦楞纸板组成，通过钉合、粘合等方法将接缝封合制成纸箱，由顶部及底部折片（俗称上、下摇盖）构成箱底和箱盖。瓦楞纸箱的技术要求应符合GB/T 6543的规定。用瓦楞纸箱装茶叶时，箱内必须内衬铝箔袋或者塑料袋，防止茶叶受潮，袋的尺寸应与箱的内尺寸一致，袋口应高于箱口50～60mm。瓦楞纸箱的优点是堆叠很整齐、方便储运，缺点是防

图3-14　瓦楞纸箱

潮性和耐压性差。在使用中，还可在箱中衬以底、盖瓦楞衬板加固，或者在堆置的箱体下放置一层木板，可防止储运过程中内装茶叶受压变碎；为了防止纸箱受潮变形，根据气候和运输条件的要求，可在箱的表面采取上油、涂塑等相应的防护措施。

3. 牛皮纸板箱

牛皮纸板箱是一种比较高档的茶叶纸包装箱（图3-15）。它比一般纸板箱更为坚

韧、挺实，有极高的抗压强度、耐戳穿强度与耐折度，具有防潮性能好、外观质量好等特点，主要用于高档茶叶的包装。

4. 布袋和麻袋

图3-15　牛皮纸箱

布袋是用本色棉布中的粗平布缝制而成的扁形或者筒形袋，麻袋是用一块或二块麻布缝制而成的袋（图3-16）。茶叶包装用麻袋一般选用GB/T 731规定的2号袋，每个能装茶40 kg左右。为了防止茶叶受潮，经常在布袋或者麻袋中内衬一个聚乙烯塑料袋。内衬塑料袋采用热封合、压折或捆扎封口，布袋或麻袋用两角绕缚捆扎。这种包装形式简便、成本低、使用寿命较长，但缺点是运输和搬运过程中茶叶容易断碎，主要用于毛茶和低档茶的包装。

图3-16　布袋和麻袋

5. 塑料编织袋

塑料编织袋是茶叶运输中使用量和使用范围较大的一种包装形式（图3-17）。塑料编织袋根据材料的不同主要分为聚丙烯袋、聚乙烯袋和聚酯袋，其尺寸、性能等应符合GB/T 8946的规定。每个塑料编织袋能装茶叶25～45kg，必须内衬塑料袋。这种包装是目前成本最低的一种，缺点是运输不方便，码垛有滑落现象，使用寿命不及布袋和麻袋。但由于其成本较低、包装材料不占空间，近年来被茶叶生产企业广泛使用，主要用于片末茶等低档茶的包装。

图3-17　塑料编织袋

图3-18　篾篓

6.篾篓

选用无异味、无虫蛀的竹篾，以人字形斜纹编织而成的包装容器，是我国边销茶的一种传统包装形式（图3-18），规格可分别采用适合于青砖茶、米砖茶、康砖茶、金尖茶、茯砖茶、七子饼茶、紧茶、方茶、六堡茶、湘尖茶、方包茶的外包装。

（二）茶叶销售包装形式

茶叶的销售包装又称内包装或小包装，是直接接触茶叶并随茶叶进入零售网点与消费者直接见面的包装，主要起保护、促销和方便购销的作用。常见的包装形式包括：袋、盒、罐、组合式包装以及袋泡茶。此外散装茶用纸包装、黑茶散茶用篾篓装等形式在特殊茶叶茶品的销售中也能见到。

1.袋装

袋装是目前最重要的直接接触茶叶的内包装形式（图3-19），能盛装茶叶5～500g（常见的规格为5g、25g、50g、100g、125g、200g、250g、500g）。袋装最初使用的是聚乙烯塑料膜，但由于单层的聚乙烯塑料膜性能较差，影响茶叶品质，因此现在单层塑料膜的茶叶包装已变得越来越少，仅少量低档茶叶的包装能见到。目前主要使用复合薄膜制作的复合袋。复合袋有很好的茶叶保质作用，轻便价廉，是理想的茶叶包装材料，适合对各种茶叶进行包装。但复合袋的刚性较差，比较适合用作内包装，常常需要和其他硬度大的材料进行组合式包装。袋装茶叶可进行真空包装，用真空包装机把包装袋内空气抽掉，然后封口，使茶叶处于真空状态之下，与外界空气

图3-19　几种茶叶袋装形式

隔离，有利于防止茶叶变质。但是，很多茶叶是不适合真空包装的，比如容易被压碎、结块和变形的茶叶，有尖锐棱角或硬度较高会刺破包装袋的茶叶等。其中乌龙茶的形状特点使得其常用真空包装袋进行包装（图3-8左上和图3-19左一）。

2. 盒装

茶叶盒根据材料的不同，主要有纸盒、木盒、竹盒、铁盒，形状主要为长方形、方形或者圆形，能盛装茶叶25～500g（图3-20）。如果直接用于装茶叶，那么一般盒内应有内衬的食品包装纸或聚乙烯薄膜或铝箔纸，有些商家还在盒外包有玻璃纸，从而避免盒内茶叶受潮、氧化和受外界异味的影响。目前更常见的形式是盒内茶叶装于袋内，即盒装作为袋装的外一层包装。

图3-20　几种茶叶盒装形式

3. 罐装

罐装与盒装比较相似，并不能严格区分。一般说的罐装指的是直接接触茶叶，形状多为圆柱形，所用的材料主要为金属、瓷、玻璃等硬材料，常见的有马口铁罐、锡罐、铝罐、瓷罐等，主要用于高档茶叶的包装（图3-21）。这类茶叶罐在保证茶叶质量上有它们独特的优势，但是普遍成本高，不经济，而且目前很少能够实现重复利用，因此并不是一种大众化的包装形式。

图3-21　几种茶叶罐装形式

4. 组合式包装

组合包装是运用多种包装材料、多种包装形式对茶叶进行包装（图 3-22）。常用的组合式包装形式有两层包装和三层包装。两层包装：内层为袋装或者罐装，外层为盒装；三层包装：内层为袋装，中层和外层为盒装。组合式包装结合了几种包装形式的优点，对于茶叶的质量保证是有益的，如袋装茶易碎，需外加一个硬质的纸盒或者铁盒；瓷罐易碎，也需外加一个保护盒。组合式包装的形式非常多样，商家发挥余地非常大，且主要用于高档礼品茶包装，因此很容易变成过度包装。适度包装对茶叶营销有积极作用，但不能浪费。

图3-22　几种组合式茶叶包装

5.袋泡茶

袋泡茶是一种特殊的茶叶组合包装形式，内包装为袋装，饮用时不拆袋，袋子和茶叶一起进行冲泡，外层包装一般为盒装（图3-23）。袋泡茶主要用于红茶、黑茶、花茶等茶类的包装，绿茶一般不用，包装量为3～5g，够一次饮用。目前我国的袋泡茶在酒店、宾馆等服务场所比较常见。

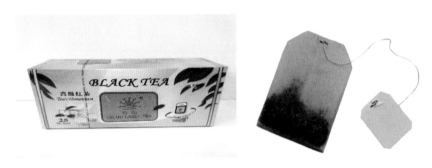

图3-23　袋泡茶包装

四、标签（标识）

预包装茶叶作为食品管理，标签的内容和要求执行国家标准GB 7718《食品标签通用标准》和《产品标识标注规定》。该标准规定了预包装茶叶的标签标注内容要求和标识的基本要求。此外茶叶产品的各类行业和地方标准中对标签和标识也制定了相关的要求。与其他食品相比，茶叶产品有其自身的特点，因此预包装茶叶产品的标签需要特别关注以下几点。

● GB 7718规定，"产地"指食品的实际生产地址，是特定情况下对生产者地址的补充。如果生产者的地址就是产品的实际产地，或者生产者与承担法律责任者在同一地市级地域，则不强制要求标示"产地"项。但是一些大型的茶叶集团，它们的生产基地遍布全国，不同地方同一天生产出同批号产品的情况非常普遍。为了便于产品溯源，预包装茶叶标签最好标注"产地"项。GB 7718规定，产地要求标示到行政区划地级市区域，但是茶叶产品普遍以县级行政区划来区分，特别是区域公用品牌和地理标志产品（如西湖龙井、安溪铁观音），所以预包装茶叶标签上的产地普遍直接标示因茶叶而闻名的县级市（如福建安溪），虽然不至于让消费者误会，但却不符合标准要求。

● GB 7718规定，"生产日期"指食品成为最终产品的日期，也包括包装或灌装日期，即将食品装入（灌入）包装物或容器中，形成最终销售单元的日期。初制的毛茶一般属于农产品范畴，而预包装茶叶以毛茶为原料进行精制，属于食品范畴，这两类产品的管理标准并不一致，所以茶叶的生产日期容易混淆。根据《农产品包装和标识和管理办法》规定，植物性农产品的生产日期指收获日期，因此茶叶的生产日期应是茶叶收获制作成毛茶时的日期，而精制的预包装茶叶封闭包装打码的日期应属于包装日期。

● GB 7718 中对下列预包装食品可以免除标示保质期：酒精度大于等于 10% 的饮料酒、食醋、食用盐、固态食糖类和味精。尽管有些发酵茶有保存时间越长价值越高的说法，但它们不在保质期豁免标示的产品名单中，还是需要标示保质期，不可忽略此项，如在 GB/T 22111《地理标志产品普洱茶》国家标准中有一条"在符合本标准的贮存条件下，普洱茶适宜长期保存"。

● 虽然茶叶有保健甚至医疗的作用，但是根据 GB 7718 的规定，在茶叶包装标识上，不允许使用"保健食品""疗效食品""营养滋补食品"或其他类似词句对茶叶加以宣传；不允许在茶叶名称上冠以中药名称，或以中药图像、名称暗示疗效和保健作用等。

目前市场上销售的茶叶标签不符合标准的情况还是比较普遍的，这也是很多购买茶叶的消费者投诉案件中涉及最多的内容之一。有效提高预包装茶叶标签的合法合规性，既是维护消费者权益的需要，也是茶叶企业科学管理的要求，从而保障茶产业的健康发展。我国茶叶包装标识相关的行业和地方标准见表 3-7。

表3-7　我国茶叶包装标识相关的行业和地方标准

标准名称	标准代码	实施日期
茶叶包装通则	GH/T 1070—2011	2011-07-01
茶叶包装、运输和贮藏通则	NY/T 1999—2011	2011-12-01
进出口茶叶包装检验方法	SN/T 0912—2000	2000-11-01
茶叶包装箱用胶合板	LY/T 1170—2013	2014-01-01
出口茶叶类商品运输包装检验规程	DB33/T 506—2004	2004-11-18
贵州茶叶包装通用技术规范	DB52/T 648—2010	2010-08-26
安化黑茶包装标识运输贮存技术规范	DB43/T 654—2011	2011-12-30
茶叶标识要求	DB440100/T 35—2004	2004-08-01
上犹绿茶标识与销售	DB36/T 635—2018	2019-01-04

五、包装与标识的综合应用

好的茶叶包装首先要满足茶叶品质保证的基本要求，同时也能提高茶叶的附加值。茶叶包装标识是茶叶企业进行品牌营销和产品推广的重要途径，一个设计精美的茶包装，不仅能够达到广告宣传、促进销售的效果，而且能给人以美的享受，在节约资源的同时，还能够弘扬茶文化。

茶叶包装标识是茶叶企业品牌建设的重要载体，通用、雷同的包装不利于茶叶品牌的树立。因此，茶叶企业应打造自己个性化、专一化的特色包装，做到文字优美、商标突出、符号图案精致，有益于消费者对茶叶品牌的识别与认知。茶叶包装上的注册商标、专用标识等是品牌的重要组成部分，是茶叶产品的身份证和护身符，也是消费者赖以识别品牌茶叶的直观途径。

茶叶包装设计包括材料、造型、色彩、图案、文字等诸多方面，一般需要经过精心的策划、巧妙的构思、专业的设计与制作，才能形成最佳的包装设计。茶叶包装设计应符合现代消费理念的变化，不能一味追求传统。茶叶作为日常饮品面对着越来越多元化的消费市场，目标市场的定位与细分要求茶叶包装须从材料质量、外观设计、款式造型、定量规格等方面入手，开发多样化的包装茶产品，适应消费需求。

当然，茶包装作为茶文化的重要传播媒介，在符合时代潮流的同时，亦不能丢失其文化内涵，而且要表现出富有独特的历史韵味和人文精神以及地域特征等。一些茶叶包装设计运用我国传统茶文化的一些经典符号包装，比如中国红图案、青花瓷图案等。将茶叶包装由简单的商品包装上升到一种文化包装，可以赋予茶叶包装更为丰富的内涵，使其成为茶文化不可缺少的部分，能使消费者在购茶、品茗的同时享受文化的熏陶。由于茶叶包装是面向大众消费者的，这样能够有效地宣传和传播中国特有的茶文化。

值得注意的是，茶叶包装的装饰性和艺术化带来的一个后遗症就是过度包装，就像"买椟还珠"一样，尽管这个寓言说明了包装的魅力和效果，但是这是主次不分、舍本逐末，不以产品内在品质为核心的包装营销只是追求短期利益，容易误导消费者，长此以往也必定失去消费者的信任，注定不能持久，不利于茶产业的可持续发展。

茶产品包装应执行两个有关过度包装国家标准的要求。《GB/T 31268限制商品过度包装通则》对包装的总则有：在不损害商品包装作用的基本原则下，应使包装轻质化，采用简易包装；在满足包装主要功能的前提下，其辅助功能应简单、实用。《GB 23350限制商品过度包装要求　食品和化妆品》对茶叶类的限量要求有：包装孔隙率 ≤ 45%；包装层数为3层及以下；除初始包装之外的所有包装成本的总和不应超越商品销售价格的20%。

总之，茶叶包装标识的发展趋势是以经济、环保、科学、规范为基础，更加注重品牌性、多样化、个性化和艺术化。简约而不简单，丰富而不繁杂，既不过度包装，

也不欠包装。

下面介绍三个典型的茶叶包装案例。

1. 柏联普洱茶包装

柏联普洱茶是柏联（国际）集团旗下的云南柏联普洱茶庄园有限公司旗下的普洱茶品牌。图 3-24 展示的是一套盒装普洱茶的设计，这一套设计包装采用纸这种常见的环保材质，但是在包装的色彩和图案设计上极具特色，给人印象深刻。

图3-24　柏联普洱茶包装

柏联普洱包装设计从傣族及布朗族的服饰、寺庙、云南红土地、树影等元素中汲取养分，产生创作灵感。图案由茶树、蜡染、泥墙、土地等系列产地元素构成，展示了云南普洱茶产地的风土人情、生活习俗。包装采用系列方式，充分利用包装空间和元素选择、色彩处理展示等，系统传播了品牌的原生态生产环境，凸显了柏联品牌的文化底蕴、产地特色，使得产地的土风扑面而来，并令人感受到品牌蕴含的沉甸甸的文化积淀。此外，系列化的图案设计令消费者产生购买一整套包装的普洱茶的兴趣和冲动。

包装上融入了醒目的公司 LOGO，而且能够做到与其他图案浑然一体。柏联普洱 LOGO 的意象为生命之树，展现了一个身段婀娜的母亲张开她温情的双臂，拥入一群有绿叶、有花鸟虫儿的生命，当绿叶变得枝繁叶茂的时候，那母亲便幻化成了一棵生命之树，庇护着景迈山里的生灵们。

该设计被推选为 2013 年中国农产品包装设计大赛全场大奖。

2. 吴裕泰京味七日茶

吴裕泰京味七日茶的包装见图 3-25，整体色调符合茶叶内敛个性，材料简洁环保，设计传达"京味茶"概

图3-25　吴裕泰京味七日茶包装

念，搭配销售的全新卖点在适当的茶叶量等细节处被完美执行。

包装整体色调符合茶叶品味与调性，不同于大部分茶叶追求"高大上"。使用了简洁的包装设计和环保节约材料，不失茶叶特有的文化属性，同时也充分考虑了商品的经济属性。外盒精致小巧（尺寸：长163mm，高307mm，厚95mm），独特老北京风情，是专门面向旅游市场推出的礼盒产品。

包装通过插画、LOGO、印章等元素，综合传达出北京特有的京味文化气息，特别是细致入微、生动形象的插画，同时刻画了"老北京"的茶馆生活，再现了老北京人买茶、饮茶、以茶会友的情景，完美展现其"京味茶"特性，将吴裕泰百年老字号与京城饮茶文化很好地结合。

该组合包装的另一个创意是将不同茶性的茶叶进行搭配销售。根据茶叶的不同特性和北京饮茶之习俗，推荐用户在一天中不同的时间适宜喝的茶：早茶，宜喝茉莉花茶，性情温和，适于清晨饮用；午茶，宜喝乌龙茶，性温不寒，适于在午后饮用；晚茶，宜喝红茶，味甜性温热，适于晚上饮用。恰当的包装和一周的茶叶量等细节则充分展现了该品牌对消费者无微不至的服务。

3. 贵州栗香茶

"贵州栗香茶"是农业产业化国家级龙头企业湄潭栗香茶业公司推出的一款茶叶产品（图3-26），旨在充分展示贵州绿茶的优良特性和通过包装完成品牌的构建。主要创意如下。

结构塑造：差异化原则。目的是要做到与众不同，为此选用采茶姑娘长挎腰间的"茶篓"作为结构思考原点，并加以适当的修正和美化，适应包装制作技术，最终以"篓"的形态作为记忆焦点，与市场上烟条形、塑料袋、圆罐、纸盒、礼品盒等包装形成了区隔，实施差异化法则。

材质选用：主材选用质朴价廉的瓦楞纸，结构成型只需"模切"一道工序完成。主材上没有任何印刷工艺，不仅成本降低，更重要的是设计指导思想让包装符合产品属性，返璞归真，接近自然，契合消费者既有认知，建立良好的心理认同感，服务品牌建设。

设计元素：以产品名称"贵州栗

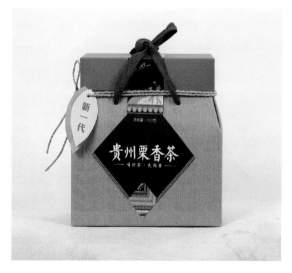

图3-26　贵州栗香茶包装

香茶"为原点构思设计元素，主要以二大元素形成连接，传递品牌诉求，建立"贵州栗香茶"的品牌"品项"。

六、问题、趋势与展望

我国茶叶品质优异，茶类齐全，品种繁多，但往往因包装材料、包装设计、包装标识等方面的缺陷而不能充分体现出我们的优势。茶叶包装标识当前存在的主要问题如下。

● 过度包装问题仍然比较突出，特别是一些高档的礼品茶，茶叶品质并不能体现其真实的价格，导致茶叶畸形消费。

● 欠包装问题比较普遍，很多品质优良的茶叶不能够通过包装标识体现出来，导致其产品难以获得消费者的青睐。

● 缺少品牌意识，包装设计格调较单一，缺乏创意，很多茶叶包装的设计相似或雷同。

● 标签标识欠规范。目前市面上茶叶标识不规范、不真实、违反标识标注有关规定的情况较多。茶叶名称五花八门，各种标志、名称、等级带有极大的随意性。

茶叶包装是中国茶叶产业的重要组成部分。随着茶产业的发展，尤其是从量的增长向质的提高转变过程中，茶叶包装标识所起的作用将越来越大。如何将优质的茶叶产品展现给消费者，从而获得消费者的认可，包装标识无疑是最直观的。因此，茶叶包装标识的趋势是以经济、环保、科学、规范为基础，更加注重品牌性、多样化、个性化和艺术化。

随着人们环保意识的提高，绿色包装材料的开发和使用是茶叶包装的发展趋势。绿色包装要求材料无公害，包装无污染，自然降解或易于回收。目前，纸就属于一种典型的绿色包装材料。纸采用天然植物纤维为主要制作原料，原材料丰富，极易降解，可回收，它对环境的危害较小。与其他材料相比，它成本较低、方便携带。针对纸材料在茶叶包装上应用存在的缺点，还需要有针对性地进行改进和创新，从而开发出"完美"的纸包装。

按照绿色包装的要求，一些可替代传统茶叶包装材料的新材料逐渐被开发出来，主要是环境友好的材料，如法国茶叶生产商 LeDauphin 公司在茶叶包装中使用德国 Treofan 公司研制出来的生物可降解 PLA 膜 Biophan 与纸复合材料，以适应环保的需求。未来这些新材料的成本如能大幅下降，那么茶叶包装领域必定会有一场新革命。

绿色是对茶叶包装的总体需求。茶叶是一种非必需消费品，作为一种商品，包装材料的选择除了考虑保质以外，一定要考虑消费者的接受程度。不同材质的包装，对人的视觉和触觉的作用是不一样的，因此，茶叶包装材料的选择是多方面综合因素影响的结果。未来茶叶包装材料的进步也一定是社会和科技进步的结果。

近年来，更多的保鲜效果明显的茶叶包装材料不断地被开发出来。如透氧率和透湿率极低、阻隔性能极佳且透明的聚偏二氯乙烯（PVDC），能控制温度、湿度的包装盒和包装箱，由 PE、纳米 Ag/TiO_2、硅镁土等制备的纳米包装材料等，通过茶叶包装实现茶叶的品质保障和贮藏保鲜是今后推动茶产业发展的重要技术力量。

每种包装形式都有各自的优缺点，无论选用哪种包装形式，在设计茶叶包装时，首先要考虑的是选择什么样的材料与结构，考虑包装材料选用是否合适，是否会影响茶叶品质，同时要合理利用包装材料的特点，通过包装形式的优化，实现包装材料的优势互补。

过去市场为了迎合茶叶作为礼品消费的习惯，使得茶叶的包装形式过于高端复杂。近年来随着中央八项规定的出台，以及理性、健康消费理念对消费者的影响，茶叶过度包装的风气已经有所遏制。未来茶叶包装形式应该从繁杂浪费走向高雅简单。

随着科学技术的进步和茶叶包装机械的快速发展，茶叶包装的科技含量不断增加，包装形式向精美实用、新颖别致、一式多样的方向发展。随着消费多样化和个性化的出现，茶叶包装形式也需要创新，多样化的包装将成为其吸引新的消费人群的重要手段。目前流通过程中出现了多种新颖的茶叶包装形式：三角包装、条形装、胶囊装、小罐装等。

未来随着智能化装备的进步和 3D 打印的普及，茶叶销售包装的形式会越来越多样化，甚至能够满足私人订制、现场制作等个性化需求。

第三节 水果包装标识要求与应用示例

我国果品的种植历史悠久、资源丰富，也是世界果品产量大国，而长期以来，我国水果生产比较重视产前和产中的栽培，而忽视了产后的包装贮藏。据统计，我国每年有 8 000 万 t 的果蔬腐烂，损失总价值约 800 亿元。因此，果品包装材料的发展和推动显得尤为重要。随着生活水平的提高，人们对水果品质的要求越来越高。新鲜水果若采后处理不当，就会出现失水萎蔫、商品性降低，乃至腐烂变质。包装在水果贮藏、运输和销售过程中起着重要的作用，能够在很大程度上减少果品损耗。

一、水果产品对包装的基本要求

水果包装主要有四方面功能：①保鲜功能；②便利功能，体现在生产、运输、贮存、销售、销毁及回收再利用方面；③促销功能，体现在包装的说明性功能、包装的宣传性功能、包装的审美性功能、包装的象征性功能方面；④绿色生态保护环境的功能。其中水果包装最重要的也是最关键的功能就是保鲜功能，无法保鲜的包装是要被淘汰的，满足了这一功能才能进行下一步设计，完善其他功能。水果的包装材料要根据产品的特性特征进行选择，合理调控好水果采后贮存的三大影响因素"温度、湿度、气体组分"。

二、包装材料

现在市场上常用的水果包装材料主要为塑料保鲜膜类、包装纸类和网袋类。塑料保鲜膜包括聚乙烯（PE）、聚氯乙烯（PVC）、聚丙烯（PP）等（图3-27），这是一种最先被接受和推广应用的水果保鲜材料，常见于超市、水果店等销售环节。塑料保鲜膜在透气、透湿、二氧化碳/氧透气比等指标有一定可调控性。水果在采摘后都会因水分的蒸发而影响其品质，塑料保鲜膜具有防止或降低水分蒸发达到保鲜的作用，不同材质品种及厚度的塑料保鲜膜具有不同的保湿效果。水果在冷藏贮存或销售时包装内外温度差会使水分在包装膜内产生雾滴影响产品外观，此时应采用抗雾性塑料保鲜膜，使包装内水分不形成雾滴，"乙烯—乙烯醇共聚物（EVOH）薄膜"就可达到防雾、防结露及保鲜的目的。水果采后的气体成分调控是延长水果贮藏期的一种有效手段，塑料保鲜膜可用作包装内外的气体交换膜，便于从大气中补充包装内被水果需氧呼吸所消耗的 O_2 和从包装内排出水果呼吸所产生的过多的 CO_2，而大多数塑料包装材料对 CO_2 的透气率比对 O_2 大 3 ～ 5 倍，在水果气调保鲜时需选用高阻隔性的多层塑料保鲜包装材料，偏氯乙烯（PVDC）和 EVOH 是塑料包装材料的最佳阻隔层。

图3-27　水果中常用的塑料保鲜膜

包装纸是应用最广的水果包装材料之一，其结构和形式多样，且随着人们的追求新颖心理与包装产品的不断推陈出新，使得包装纸的种类层出不穷。包装纸最大的保鲜特性是透气性，在保鲜包装中，水果呼吸作用产生呼吸热，如果不透气就会导致水珠的累积而使水果表面水分过多，破坏水分平衡，加速水果腐烂。包装纸另一大保鲜优点为吸湿性。包装纸可以满足水果包装的卫生性，包括水果品质上的卫生和视觉上的卫生。水果包装纸具有韧性和保护性，可以根据水果大小贴合产品，起到一定的表面保护和保鲜作用（图3-28）。

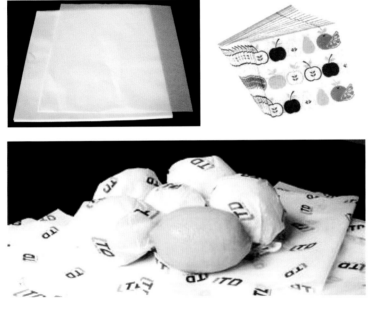

图3-28　保鲜纸包装水果

网袋包装在球状水果中比较常见，也是市场上普遍使用的一种包装材料。水果网袋主要采用聚乙烯材质，塑料原料通过挤出机中受热熔融，经螺杆挤出进入一个设有若干小孔的内外模口的特殊旋转机头。熔融的塑料流经模口孔隙形成二股熔融料丝，形成网格，再经冷却定型成网袋。在水果流通环节属于重要包装材料，特别是进入超市的水果包装。塑料网袋具有较高的弹性，可以满足不同大小的水果，网袋很轻便，富有韧性而不脆，表面柔和，圆形的丝体能保护水果运输中免受伤害，克服了普通发泡胶材料易碎、变形和难恢复的缺点。网袋非常耐用，抗腐蚀性强，抗晒，具有良好的通风性，使盛装的水果不易变质。最重要的是网袋属于一种环保材料，可以回收二次使用，减少对环境的污染。近年来塑料网袋材料中推广迅速的是一种被称为珍珠棉的材料，即可发性聚乙烯（EPE）（图3-29）。

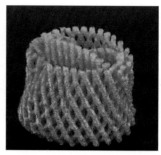

图3-29　水果包装网袋

三、包装形式

（一）包装容器

最早的水果包装容器多半使用植物材料制成的，如用枝叶、芦苇和草秆经过编织而成，并设计成便于人们携带的形式，目前，我国水果采用的外包装材料很多，主要如下。

用竹子、荆条等天然植物材料编的筐是我国传统的包装容器（图3-30）；这种材料的主要优点是便宜、轻便，就地取材，几乎可以编成任意形状和大小的容器。缺点是形状不规则，往往很不结实，因而不足以防止损伤；尺寸较大，用人工装卸时费力，易疲劳；筐的现状通常是上大下小，虽然能减少下层水果承受的压力，但在运输和贮

图3-30　竹子、荆条筐盛装水果

藏中难以有效地码放水果，因此，有些商家认为这种材料做的包装不适当，应有步骤地废除。根据我国的实际情况，竹子这种天然材料成本低，只要包装容器制作的小一些，加盖，并且适当地改善操作，竹筐类包装也可继续使用。

木箱比起其他天然植物材料制成的容器要好，优点是结实，可以盛放较重的水果，还可以根据水果大小数量制作成各种规格的形状，比其他材料防止物理损伤的能力要强。木箱的缺点是较重，操作和运输比较吃力（图3-31）。

图3-31　木箱盛装水果

可发性聚苯乙烯泡沫塑料（EPS）即为俗称的泡沫箱，常见于水果的运输和储存环节，作为水果盛装容器被广泛使用（图3-32）。塑料泡沫箱内部具有很多微小气孔，它的重量轻、耐冲击、易成型、可根据水果特性改变形状、价格低廉，EPS有防震缓冲的作用，它的吸水性很小，耐低温性好，耐溶冻，是很好的保温材料，在水果冷藏运输中可防止水果因温度低而冻伤。但是EPS占体积较大，硬度不够，盛装较重的水果时容易损坏。EPS包装品比较容易回收和再利用，是良好的绿色包装材料。

图3-32　泡沫箱盛装水果

塑料盒或塑料托盘的包装形式在超市中最常见，这种包装轻巧方便，易于携带，多为小基数包装，对水果有一定的衬托保护性，常见为透明质地，消费者可以直观地看到水果的颜色状态。塑料盒（托盘）为聚乙烯材料，价格低廉，规格、大小多变（图3-33）。

图3-33　塑料盒、塑料盘盛装水果

瓦楞箱是近年来使用最多也是最广泛的水果包装容器，大量出现在水果流通领域。瓦楞箱的种类很多，在作为水果外包装时多用细瓦楞纸箱（盒），作为水果运输包装时则多用具有较好刚性和强度、同时具有较好缓冲性能的粗瓦楞箱和中瓦楞箱（图3-34）。传统瓦楞箱是由全纤维制成的瓦楞纸板构成的，它的保鲜原理是利用纸质纤维材料对水分的吸收来调节包装内的水分与湿度，使包装箱内不产生露珠和水滴，从而消除某些细菌和微生物在包装箱内的繁殖。瓦楞箱是源于西方技术的产物，具有轻便、便宜的特点，封箱、捆扎方便，易于实现包装与运输的机械化和自动化，对包装水果具有良好的保护功能，瓦楞箱的规格和尺寸变化易于实现，能够快速适应各种水果的包装，因而作为替代物逐渐取代木箱。瓦楞纸板箱的另一个优点是外观光滑便于印刷标签和宣传品，能适应各类型的装潢促销问题。瓦楞纸箱属于绿色环保材料，通过控制瓦楞箱的质量为基础，合理回收，可以重复使用。最大的缺点是防水性差，怕水怕潮，一经水浸或加工粗放就容易受到损伤。

■ 超硬加厚材料

■ 外盒和内衬均为三层

■ 优质8瓦楞纸

图3-34　瓦楞纸箱盛装水果

（二）填充形式

水果组织较软，抗挤压性能差，在流通过程中极易受到机械损伤而产生腐败。在包装箱内部搭配包装材料起到缓冲保护作用。缓冲材料分为两种，一种是制模放置包装，让每个果实都放入适当的位置，加以固定，能够起到更好的保护，现在市场上常用的模具为纸托和发泡塑料托，这种材料成本较低，易加工成型，适用性广，缓冲效果佳。根据水果形状大小定制模具，对猕猴桃、草莓等抗压性较差的水果能起到很好的保护作用（图3-35）。还有一种缓冲形式是加放缓冲衬垫。缓冲衬垫是水果储运过程中最常用的一类保护性包装材料，多用于散装的水果包装和水果外层包装。容器里铺上缓冲气泡垫后，放入水果然后轻轻晃动，以便果实相互挨紧，每层都用缓冲衬垫隔开做缓冲保护。合适的缓冲衬垫，能够起到高效的减震防护作用，根据不同的内装物设计，需要搭配不同材料、不同样式的缓冲衬垫来达到理想的缓冲效果。目前主要使用的几种材料分别是：纸质缓冲材料、发泡缓冲材料和气垫缓冲材料等，以及不同材料的组合使用。纸质缓冲材料主要有瓦楞纸板、蜂窝纸板和纸浆模塑等几类，具有原材料易得、成本低廉、加工性好，持有一定的挺度和净度、重量轻、透气性好、缓冲性能优良，且对环境友好，易于回收。发泡缓冲材料常使用的原材料有 PP、EPE 和PVC 等，这种材料的重量轻，造型多样，具有良好的缓冲减震效果，并且耐潮湿。气垫缓冲材料是电商物流（快递）常用的缓冲衬垫，款式多样，如气泡膜、充气袋和充气柱等，小气泡膜材料多用在水果箱内衬，充气袋可作为单个水果包装材料，充气柱可用于单个水果包装亦可作为水果外箱缓冲保护。气垫缓冲材料的特点是重量极轻，且能根据不同水果进行相应的变形包装方式，随意灵活，对环境友好，使用气泡垫包装无须开模，能够节约大量成本，降低仓储压力，是近年来水果包装市场新兴涌起的水果缓冲材料（图3-36）。

图3 35　发泡塑料模具填充水果包装

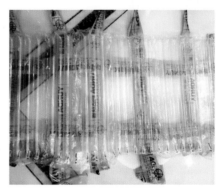

图3-36　气泡膜、充气袋和充气柱等气垫缓冲材料

（三）包装方法

适当的包装方法可以减少产品失水，这些包装的作用是在产品四周放置一个屏障物以减少空气在产品表面的流动，从而减轻失水。最简单也是商家最常使用的办法就是用防水布盖在产品堆上，或把水果装入袋、盒或纸板箱内。水果的密集堆积也能控制空气在每个果实周围流动，即使把水果装在网袋中也会有一些好处，因为在袋内各个单个的果实聚拢在一起，形成一个密集的堆积，这样就有较多的果实在内部受到外层的保护而免于直接暴露在干燥的空气中。包装方式对水蒸气的渗透性以及封装的密集度可以决定产品失水速率能降低的程度。常用的包装材料对水蒸气都具有一定渗透性，聚乙烯薄膜的渗透性低，能较好地控制产品失水，纸板瓦楞箱和纸袋的渗透性就较高，但与无包装的散装水果相比，也能较大程度的减少失水量。根据各类材料的特点，商家常常用塑料薄膜和蜡纸等渗透性低的材料包装产品，基本做法有：将单个果实或若干个果实包裹起来，再装入包装容器内；将水果放在这些材料制成的袋子中；用这些材料在包装容器的内壁上加全衬；为纸板箱内壁涂一层蜡或先将纤维板浸蜡后再制成包装箱。

对包装的另一个重要要求是必须有利于水果迅速冷却。包装箱内所使用的衬垫、衬纸和其他小包装，都对空气循环产生大小不同的阻碍，影响水果所产生的呼吸热散发出去，实际上只要水果呼吸作用旺盛，无论果实是在单个包装箱中还是在密集堆放的包装件中，自发热自然都会变得严重。因此，必须根据水果不同的呼吸速率，制定水果的最大极限密度。任何一个水果商品堆垛都要有某种程度的空间，以利于冷却，如果限制先前冷却过的产品再受热，则属于例外。在这种情况下，商品应该尽可能堆放得紧密一些，在呼吸产生的自热不成为一个问题的短时间内，具有较高稳定性的密集堆放是安全的。

四、标签（标识）

（一）标签内容

规范果品的标签标识，有利于水果的顺利流通和销售，对于果品进入国内、国际市场，树立产品品牌十分必要。根据《新鲜水果包装标识通则》（NY/T 1778—2009）中规定，每一种水果包装以易读、牢固的方式在其外面的同一侧显示商品信息，包括：商品的生产者、包装者和销售者，依法登记注册的名称和地址；生产和包装时间；商品的特性（品种名称等）；商品产地来源；商品的规格、等级、重（数）量及执行标准；注册商标（如果有）；贮藏条件和方法；包装容器规格。

获得无公害农产品、绿色食品、有机农产品等质量标志使用权的新鲜水果，应标注相应标志和发证机构。获得绿色食品标志使用权的新鲜水果，其标识还应符合 NY/T 658 的要求。对于转基因水果应按《农业转基因生物标识管理办法》的规定执行。经过辐照的新鲜水果，其包装上应贴有卫生部制定的辐照食品标识，并标注中文说明。所有图示标志应符合 GB/T 191 和 GB 7718 的规定。

以上为水果标签的基本要素。有些商家还会在水果标签中加入二维码。我国市场零售的水果大部分没有标签或是标签内容缺失。进口水果上会张贴一个小型标签，一般来说，在标签的最下方印有出口国的名称，中间的英文字母标明水果的名称，最上方的英文字母标识的是出口企业的名称，中间的数字叫作 PLU 代码（Pricelook-up codes），此代码源于北美，是由美国生鲜产品运销协会 PMA 开创定制的。2001 年国际农产品标准联盟（促进世界各地蔬菜水果行业沟通协作的全球性行业协会）为了方便超市跟踪查询产品的种类、大小以及价格等信息，将 PLU 码用在散装且未经加工的水果、蔬菜等产品上，并将之推广到了全球。每组四位码代表一特定品种及产区的组合，从这组代码中可看出农产品的种植方法、产地及大小规格等信息，通过代码可以对产品进行溯源。一般以传统方式种植的产品 PLU 代码会以 3 或 4 开头，如常见

的"新骑士橙";同一个水果也可以有多个 PLU 代码,这是代表着两种品质的水果;
PLU 也有 5 位数的,分别是以"9"开头的和"8"开头的,"9"开头的 5 位数代码代表这是一种有机种植的产品,以"8"开头的 5 位数代码代表这是一种转基因产品。

"三品一标"水果是指无公害水果、绿色食品水果、有机水果和地理标志水果。有机水果是遵循有机农业规范生产出来的水果,完全不用化学肥料、农药、生长调节剂、添加剂等,也不使用基因工程生物及其产物。有机食品的标志一般出现在水果外包装上,获证产品或者产品的最小销售包装上应当加贴中国有机产品认证标志及其唯一编号、认证机构名称或者其标识。获得有机转换期认证证书一年内生产的有机转换产品,只能以常规产品销售,不得使用有机转换产品认证标志及相关文字说明。绿色食品水果是遵循绿色食品修改标准生产出来的,分为 A 级和 AA 级。A 级允许限量使用化学合成生产资料,AA 级较为严格的要求在水果生产过程中不使用化学合成的肥料、农药、兽药、饲料添加剂、食品添加剂和其他有害于环境和健康的物质。AA 级绿色水果基本等同于有机水果。绿色食品标识在我国是统一的,也是唯一的,它是由中国绿色食品发展中心制定并注册的质量认证商标。A 级绿色食品标志与字体为白色,底色为绿色,AA 级绿色食品标志与字体为绿色,底色为白色。无公害水果是遵循无公害农产品修改标准生产出来的,有害物质局限在一定的范围内并且有专用标识(2018 年国家停止无公害农产品认证)。地理标志产品是指水果来源于特定地域,水果品质和相关特征主要取决于自然生态环境和历史人文因素,并以地域名称冠名的特有农产品标志。"三品一标"都有官方统一的认证标志,同时产品都有相应的认证标签,消费者可以根据相应的号码通过电话、网站等方式查询"三品一标"水果的真伪。

(二)标识

市场上的水果包装各式各样,五彩斑斓,给各类外包装材料披上华丽的新衣,从视觉上增加了消费满意度。

1. 零售果品包装标识

零售果品主要指超市、水果摊等以零散客户为主要销售来源。根据调查结果显示,这类果品包装较少,主要通过客户自己使用塑料袋进行挑选或者有成品的果篮以及单个包装盒。其方式各异,使用最多的是塑料袋,它的降解较慢,但是消费者可以进行多次使用,塑料袋拿取方便,有透明和彩色的,可以印刷上商家信息、宣传语等简要内容。

果篮包装多用于送礼,果篮属于绿色包装,由天然材料编织而成,不仅可以放水果,还可以用来放其他东西,果篮可塑性强,可利用其他修饰品或是果品本身起到美化外观的作用，有较高的使用价值。还有小基数水果包装或单个包装。小基数包装小巧轻便，不用担心因为吃不完需要存放而变坏，这类包装一般不附加装饰或是贴上简单的商家 logo，以快销为主，近几年兴起的便携式包装以简洁、时尚、方便、轻便为特点，深受年轻人和白领的喜爱。单个包装的水果例如平安夜中包装苹果的盒了，会利用外包装的装饰赋予它美丽的外表，但这种包装水果只有美观性，没有具体的使用价值，只为了满足人们的消费心理需求，通常会伴随节日的到来而产生（图3-37）。

图3-37　零售果品不同小包装标识

2. 大批量果品包装标识

大批量果品主要是指大批量生产的果品，通过批发市场和零售环节到达消费者手中。这类果品包装主要有木质、泡沫、纸质3种。木质果品包装可以重复使用，在运输中可以很好地保护水果免受物理伤害，而且在搬运中可以与特殊机械进行配合使用，缺点是木质包装箱过于笨重。泡沫材质的果品包装在市面上随处可见，质地轻盈，防冻保温，但是不易清洗，一旦有顽固污渍附着其上，包装便不能再继续使用，所以泡沫箱也不做包装装饰，但可以在外形上进行设计，使它更好地突出果品本身。纸质果品包装质地轻盈，易于成型，配合不同水果的大小规格，但是纸质箱不能够保护果品本身，不防水，一旦受潮便不能继续使用。纸质箱是进行包装设计的主要材料，商家利用它的轻便易成型的特点从结构上进行设计，纸包装易于印刷上各种鲜艳色彩、图案，一般商家都会在这方面下功夫，从而提升果品的宣传效果。

五、包装与标识的综合应用

（一）包装材料

水果市场上已开发出一种葡萄保鲜纸。这种葡萄保鲜纸是用保鲜剂和基材构成，把保鲜剂涂敷在基材上，经干燥而制得，常见在基础材料内引入 SO_2 成分，这种 SO_2 成分是通过纸内的缓释剂发生化学反应而长时间均匀析出，在运输与贮藏中使葡萄达到防腐保鲜效果，同样的材料也可用于其他类型水果（图3-38）。

赣南脐橙单个果品使用 OPP 塑料保鲜膜和保鲜纸进行包装，有防水的功效并可增长保质期（图3-39）。

图3-38　添加SO_2的葡萄保鲜纸和保鲜袋

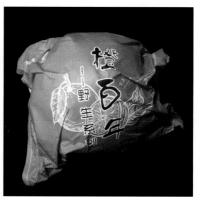

图3-39　用保鲜膜和保鲜纸包装的脐橙

柑橘类多采用塑料网袋包装，延展性强，可根据水果大小和数量调整，网袋携带方便，空间利用率高。采后柑橘类容易因温度、空间等因素受到霉菌感染发生腐烂变质，网袋包装透气性好，一定程度上可减少霉菌污染。苹果、梨、芒果等常采用 EPE 网袋包装，在水果运输途中起到减少冲撞的作用（图 3-40）。

图3-40　塑料网袋包装的橙子和EPE网袋包装的杧果

葡萄保鲜纸袋和保鲜塑料袋容量一般为单串葡萄，多用于进口葡萄或较贵葡萄品种包装，在大型超市内都能看到，使葡萄在销售期保持一定的湿度，起到保鲜作用，增强感观体验（图3-41）。

图3-41　葡萄保鲜纸袋和塑料袋

（二）包装方式

柑橘采用塑料筐（15千克装）包装形式，运输途中防震防挤压（图3-42）。

每串葡萄用保鲜纸独立包装好，放入满足其大小的瓦楞箱内，箱底覆盖EPE发泡网作为底衬，减少葡萄与瓦楞纸箱的直接接触导致的果实摩擦损伤，葡萄与箱体孔隙和每串葡萄之间加入EPE发泡塑料，防止运输途中的果实位移，减少碰撞损伤（图3-43）。

图3-42　塑料筐装柑橘　　　　　图3-43　置于瓦楞箱内添加缓冲衬物的进口葡萄

充气柱是一种双层真空袋，把单串葡萄装进去后，用充气泵往外层充气，外层胀大后，里面的真空袋会自动包裹住葡萄，使葡萄在内层袋里不会晃动；充满空气的外层又会对葡萄产生防震作用。之后，再把充好气的充气柱放到大小规格配套使用的泡沫箱里，泡沫箱中间放两个冰袋。这种包装可以满足水果的网上销售，通过冷链运输，使消费者拿到品质良好、新鲜的葡萄（图 3-44）。

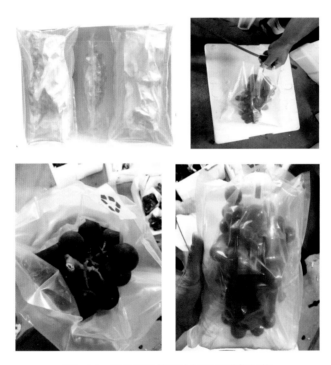

图3-44　用充气柱做缓冲材料的葡萄包装

根据柑橘大小和包装数量，制定发泡塑料模具作为缓冲材料，使每个柑橘放入固定的塑料孔洞中，防止柑橘间的摩擦碰撞，可在运输（快递）过程中很好地保护果品，另外，塑料孔洞的设计也让包装看上去干净整齐，可提升消费者的购买欲（图 3-45）。

图3-45　用发泡塑料模具固定包装的柑橘

（三）标签

进口水果上贴有含有 PLU 代码的标签，标签包括品牌名称、生产国家、产品名称、产品类型（图 3-46）。

图3-46　进口水果上加贴标签

有无公害农产品和国家地理标志登记的柚子外包装上印有无公害农产品标志和地理标志产品的标志。小蜜桔包装盒上印有无公害农产品、地理标志农产品的标志，并且添加了产品二维码（图 3-47）。

图3-47　无公害农产品、地理标志农产品外包装

该无公害农产品获证企业在每个脐橙上加贴了无公害农产品标识（图 3-48）。

盒装的南果梨包装内放置一份产品食用说明，详细说明南果梨的产地特色、营养成分和储存方法等（图 3-49）。

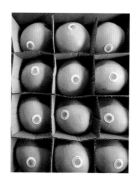

图3-48 无公害农产品标识　　　　图3-49 水果包装盒里附带的水果说明书

该赣南脐橙企业推出 25.3^{C} 每日多脐橙，25.3 是瑞金产地的纬度，突出了赣南脐橙的地域独特性。包装分 3kg 与 5kg 两种，全部实现自动化包装，包装内均有企业简介及产品说明书（图 3-50）。

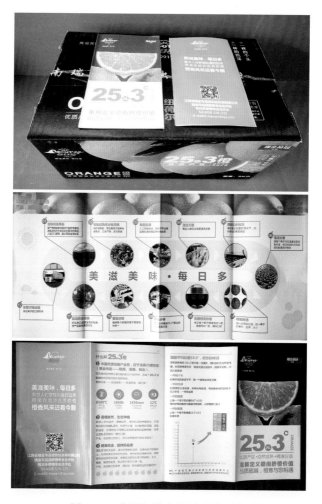

图3-50 脐橙包装内的果品说明书

（四）创新型包装

设计师很好地利用了椰子本身的形状特点，采用了产地的一种水生植物作为椰子的包装，制作出提环，方便携带，包装上添加商家品牌等 logo，这种包装不仅绿色环保，而且外观新颖，突出品牌、产品特色，消费者很容易记住（图3-51）。

图3-51　创新的椰子包装和脐橙包装

脐橙企业采用 PET 塑料包装赣南脐橙并外加纸质把手，因材质透明，消费者能对果品的外在品质有非常直观的了解。区别于箱装果品，该包装下的赣南脐橙十分轻便，具有便携性的优势。

商家为生产的柑橘类产品设计出系列包装，从箱装到网袋装，均有明显的产品标识，突出自身品牌的宣传，箱装柑橘在产品摆放上结合水果本身的颜色进行搭配，增强了视觉效果（图3-52）。

图3-52　Fontestad的柑橘系列包装

商家采用了原色瓦楞包装纸箱，减少了印刷成本，方便重复利用。包装箱盖设计出一块透明区域，让消费者可以直观地看到要选购的水果新鲜度（图3-53）。

图3-53　纯色纸箱透明盖包装的柑橘和苹果

选用不同大小、不同颜色、不同口感的三种杧果搭配包装，小基数数量，满足了现在人们购买多样化和追求新鲜的理念（图3-54）。

图3-54　混合水果盒和小型（便携）水果包装

脐橙企业采用纸桶包材，一桶仅含2枚精致果品，包装简洁大方且设计新颖，宣传语融入赣南脐橙的形象，符合年轻人的审美要求。2枚果品的包装方便出门携带，并能重复利用，节能环保。

超市推出的柑橘便携式包装，5 枚柑橘成串罗列，以塑料袋为外包装，提拿方便，用橡皮筋封口，既可以保持柑橘的水分，还可以防止果品散落。塑料袋印刷上柑橘的基本信息和认证情况，符合现代快销便捷理念。

六、问题、趋势与展望

（一）问题

1. 包装材料回收利用率低，对环境造成伤害

塑料包装材料使用方便、价格低廉，在水果市场中大量使用，带来了严重的白色污染。相对于其他材料，塑料保鲜膜材质更薄，形状不固定，为了卫生，很少会重复使用，难以做到循环利用，加之塑料保鲜膜成本较低，在水果销售中多为无偿提供，塑料保鲜膜的使用量是巨大的。目前水果市场上存在的包装容器和缓冲材料主要问题也是再循环利用率低，多数在使用一次后被当作垃圾丢弃。虽然塑料包装材料多为可降解，但自然降解慢，随意丢弃会造成环境压力，经过焚烧可快速降解，但像 PVC 等材料含有轻量毒素，特别是 EPS 材料焚烧时，还会产生有毒气体，降解过程会带来一定的环境污染。

瓦楞纸箱作为一种运用广泛的包装材料，它的可重复使用具有重要的意义，但目前我国水果市场上瓦楞纸箱的可重复使用还很少，很多的瓦楞纸箱使用一次就变成废纸或是垃圾，废纸的回收利用大大降低了它原有的价值，而作为垃圾的瓦楞纸箱在降低了其原有价值的同时，又污染了环境，这样的瓦楞纸箱使用模式不符合绿色发展的要求。回收利用首先要解决的问题是，要保证瓦楞纸箱的规格和质量，规格的确定可以更好地为回收服务，而质量的保证是再利用的必要条件，如果没有质量去保证使用次数，那么重复使用就失去了它本身的意义。

2. 选择合适的包装材料难度大

塑料保鲜膜对水果保鲜具有一定作用，但它并不是对所有水果适用，如香蕉、苹果、梨等水果，使用保鲜膜包装后会释放出乙烯类物质，起到催熟作用。另外，保鲜膜并不具备杀菌、抑菌的功效，只是起到物理性隔离，仅适合水果的短期贮存保鲜。使用普通保鲜膜包装的水果经过几天的储存仍会出现大量腐败变质的现象。

塑料托盘包装的水果按直线或对角线排列，排列方法简易，便于计数，适用于小型水果，但是它的底层承受压力大，通风透气较差，底层接触面容易受细菌污染，出现腐败变质现象，也不适宜长期包装的水果。

作为缓冲物的纸质缓冲衬垫不耐潮湿，较容易被压溃，直接接触果实时会磨损果皮，这就限制了其适用范围。另外，纸托和发泡塑料托，会因为水果种类、个头大小不同而增加许多成本，也会给商家带来一定的压力。

3. 标签缺失、内容不全面，溯源成问题

水果的标签标识是指导消费者识别水果属性的重要方式，由农产品标签标识引发的贸易纠纷，产生的贸易壁垒已成为世界农产品贸易中不可忽视的问题。目前世界各国、国际组织都非常重视关于农产品标签标识相关的法律法规以及标准的研究和制定。我国已经发布的《食品安全国家标准 预包装食品标签通则 GB 7718—2011》和《食品安全国家标准 预包装特殊膳食用食品标签 GB 13432—2013》这些标准规范了食品标签的基本要求、强制性标示内容及非强制性标示内容以及能量营养素含量水平、比较和作用的声明等。但这些标准仅适用于预包装食品和特殊膳食食品。而我国目前消费量及出口量都十分巨大的初级农产品如水果、蔬菜却没有标签标识的国家标准进行统一的规范和要求，造成果品标签标识不规范，标签内容五花八门，标识混乱，不但不能准确地反映果品本身的属性、成分、营养物质含量、产地和生产者信息、接收检验和认证的信息等，使消费者在购买果品时无法准确识别自己想要的产品，对于果品的病虫害及施药情况也完全不知情。现有市场中，除了高端水果和进口水果，大部分水果包装没有标签或是标签简单，信息缺失现象较多。更为严重的是在发生食品安全、农产品贸易纠纷等严重问题时，无法根据产品的标签和标识进行追溯、追究责任人和加强管理。

4. 认证标识推广度不足，伪造者趁虚而入

面对现在市场上出现的水果标签包括无公害农产品、绿色食品、有机食品和地理标志农产品，消费者并不熟悉，"三品一标"产品的推广和宣传工作还不到位，由于不清楚、不明白、不了解，消费者会放弃安全优质的农产品从而选择普通的产品，这就丧失了"三品一标"产品的意义和优势。另外，一些不良商家为了谋取最大利益，利用部分消费者还不熟悉的心理，伪造"三品一标"产品，这就需要监管部门加强监管工作，落实监督管理制度，完善监管长效机制。

5. 包装不合理，过度包装，品牌意识薄弱

果品外包装装饰也存在一定问题。包装形式单一，档次偏低。虽然发泡网的使用在一定程度上提升了包装档次，纸箱包装也由普通纸箱向瓦楞纸箱发展，并且包装规格也在向小型化和精品化发展，但从整体看，果品包装规格、尺寸、印刷方式及纸箱打眼位置、形状和大小五花八门，质量参差不齐，造成"一流产品，二流包装，三流

价格"，使水果销售大打折扣。每到水果收获季节，很多果农为了节约成本，就去批发一些通用的瓦楞纸箱来打包水果，这种包装上缺少或者借用标志的情况非常普遍，有标识的也不能突出产品特性。这种模糊和淡化包装品牌意识的做法，常常导致水果质量与水果包装不匹配，这样不仅不利于水果的装卸、运输和销售展示，更降低了消费者对水果的信任度，因商家缺乏品牌意识，没有考虑将产地名称和特色标识出来，一定程度上给盗用假冒者可乘之机。

也有部分商家在水果礼盒等高端产品上下大功夫，过度的包装让果品看上去变得高大上，提升了商业价值，但是这造成了极大的资源浪费，很多不易回收利用的材料给环境造成了压力。

（二）发展趋势与展望

1. 包装材料绿色发展，成本控制很重要

"绿色经济"已经成为世界经济发展的主导模式，更多的行业都逐渐转型走向绿色发展道路。"绿色经济"的发展与包装行业有十分重要的关系，在包装日趋于多样化的情况下，低成本、高保鲜效果并兼顾绿色环保的优势是水果包装的首选，绿色环保的观念就要求果品包装要考虑到材料的选择和是否能重复利用，包装材料的可重复使用对绿色包装起很大作用。在全球提倡环保的社会，现代水果包装设计中不能缺少这种理念的体现，设计时可以通过改变造型来达到重复利用的目的，把包装与其他的功能结合在一起，消费者只要将包装稍加创作就能够再利用，给了消费者足够的创作空间。在包装材料的选择上已从传统的材料转为可降解、无污染、可回收循环使用的材料，目前，像珍珠棉等各项性能优良的环保型发泡材料相继开发并向市场推广，是传统包装材料的理想替代品。

水果包装材料的合成与降解技术也正向安全、无毒、快速、绿色的方向发展，市场上已有产品材料通过植物发酵聚合而成，无毒无害，生命周期中无有害物质排放，使用后利用生物降解，做到健康安全、低碳环保、完全降解、可再生。随着新型保鲜材料的衍变，高效且低成本也成为保鲜材料的发展方向，为了使新型保鲜材料能够迅速占领市场，成本控制是关键点。

2. 包装材料与保鲜技术相结合，多样化发展

水果的包装材料已经向多功能新型保鲜膜发展，越来越多的保鲜剂结合传统保鲜材料的技术发明出现。在保鲜膜中涂布脂肪酸酯或掺入界面活性剂具有防雾、防结露作用；薄膜中混入活性炭等物质吸收乙烯这种对保鲜有害气体可有效抑制水果采后呼

吸，延长货架期；保鲜纸经过纸面覆膜或表面喷涂等处理，使保鲜纸的密封性增加，减少水果产品水分或其他易蒸发物质的蒸发和散失，从而达到保鲜效果；根据不同水果的特性，将水果采后保鲜剂直接加入保鲜包装材料中，可起到水果保鲜作用，现在已有 1-MCP 保鲜纸、葡萄专用 SO_2 保鲜纸进入市场。

传统瓦楞箱的适用范围和保鲜效果有限，一旦使用环境较为恶劣，或包装物本身具有特殊的要求（如湿度大、包装内温度和卫生条件要求严格等），就很难实现保鲜功能。保鲜瓦楞纸箱作为一种特殊的包装及技术创新产品，也体现了现代包装技术的发展方向，新型瓦楞纸箱的保鲜是借助新技术和相关学科知识的交叉与渗透，使瓦楞纸箱对包装水果实现保湿、保温、调节气体组成、抑制微生物、降低呼吸强度、防止氧化和腐烂等。这就要求在制作瓦楞纸箱包装时，利用化学、环境、生物、机电、材料等学科知识，对包装材料进行改性或组合，达到瓦楞纸箱作用的多功能化。目前已有的新型瓦楞纸箱有隔热功能的保鲜瓦楞纸箱，这种具有隔热功能的瓦楞纸箱有很好的保鲜功能，它是在传统的瓦楞箱内、外包装衬上复合树脂和铝蒸镀膜，或在纸芯中加入发泡树脂。这种瓦楞纸箱具有优良的隔热性，能防止流通途中水果自身温度的升高。例如，复合在瓦楞纸箱内表面的铝蒸镀膜能够反射辐射线可防止瓦楞纸箱内温度上升，同时还可以吸收乙烯气体防止水分蒸发。具有气调功能的保鲜瓦楞纸箱也是近年来新型瓦楞箱的发展产物。气调瓦楞纸箱是在纸箱内装衬和外装衬中夹进保鲜膜或在造纸阶段混入能吸附乙烯气体的多孔质粉末，通过调节箱内气体氛围达到保鲜目的。如在瓦楞纸箱内表面复合一层特制的薄膜能够吸收氧分子而让氮气通过，这样在空气通过薄膜进入瓦楞纸箱后，氧气含量大大降低，而氮气含量可高达 98% 以上，从而减缓果蔬的呼吸作用，达到较长时间保鲜的目的。

保鲜包装散材也属于新型保鲜材料范畴，包括水果保鲜的粉剂、颗粒剂、液体剂、气体调节剂等。巨峰葡萄等耐低氧环境的水果常使用到脱氧剂，柿子、草莓等常用二氧化碳发生剂作为气体调节剂来达到保鲜的目的。天然材料的保鲜可食膜也是近些年研究的热点，已证实壳聚糖可食膜作为包装材料涂膜于水果表面可起到抑制霉菌、防腐保鲜的作用，并且壳聚糖属于天然物质，健康无毒，对环境无害。

3. 包装材料的孔洞技术

孔洞布置保鲜技术是通过改变纸面透气孔的布置方法来达到保鲜的目的。包括纸质本身的孔隙大小和在包装上专门设置的透气孔的布置，纸质本身的孔隙在纸箱制成后很难改变，但为了利用现有的纸张制作一定孔隙（透过率）的保鲜包装，就需要合理选择不同密度的纸张或不同孔隙的纸张进行组合或复合使用。

4. 标签标识规范全面化，大力推广新型标签

为加强对果品生产、加工和销售的监督和管理，需开展果品标签标识的法规和国家标准，对于标签内容详细化、全面化、规范化、统一化，并且按照果品特点制定标签标识的强制性内容，如产品名称、生产日期、出产地等可溯源性内容以及推荐性内容，根据果品的特殊性质，增设附加性条款。

除了果品标签规范标准的完善，一些新型标签也逐渐出现在人们的视野中。随着国家科技的飞速发展，很多人已经不使用现金，出门只带手机，二维码技术的普及在给人们带来方便快捷的同时也提供了不少信息。将二维码技术加入果品标签中，通过手机扫一扫就可以清晰地看到农产品的产地、施肥情况。从根本上能更多地了解果品的质量安全全过程，二维码就好比果品的身份证，实现了果品源头可追溯、流向可跟踪、信息可查询、责任可追究。

从目前市场的水果包装来看，很难发现其中有附带果品说明书的，也许有人会说，水果不就是吃吗，只要洗干净就可以吃下肚子了，还附什么说明，其实不然，水果说明非常有必要，可以提供水果的地域特色、营养成分，是在什么环境下长成的，除此之外，还应说明如何保存，温度、湿度各多少为宜，什么人群适宜多吃、什么人群宜少吃、什么人群不宜吃。更重要的是说明原产地的自然环境、果子的采摘季节，以及生产果园地点、联系方式等。简而言之，一张水果说明书可以拉近农民与客户之间的距离，更是一种有效的联系方式，对往来交流提供宝贵的资料。

5. 包装设计要不断创新

随着现代社会生产力的进步，人们的经济消费水平不断提升，人们的消费观念也从而发生改变，从最初的满足自己的生活需求，转变到如今是否符合自己的心理需求。对于果品也是如此，但是对于果品的包装来说，所要考虑的不仅仅是其外观造型是否新颖，包装设计是否华丽、美观，还要兼顾果品的自身属性，它会随着时间、温度、周围环境状况的变化而变化，所以在果品包装设计时需要考虑到要起到保护水果、增加抗压性、免受物理伤害；保护水果免受化学伤害，设计应结合风控设置达到维持包装内温度、湿度环境稳定的效果；便于特殊处理，有些水果需要进行熏蒸处理，为了使处理高效进行，包装需保证一定的通风设计；还有就是要与机械装置相配套，包装需要与机械相匹配，这样才能高效地进行工作。

水果产品在色彩商品包装设计中，因其独特的内涵、作用与特性，在商品经营中起着无声的营销大师的作用。商家不仅要重视商品包装中色彩的美化功能，更要从经济学的角度重视它们在商品包装设计中的营销功能。水果产品的包装设计目前都以绿色为主色调，在色彩上定位是准确的，在国外的设计上都是以简洁的设计手法，创意

上更具有特点，这样的设计会使产品在销售中脱颖而出。

（1）包装品牌意识的树立。首先要明确包装的品牌意识。包装设计的基本功能就是识别，通过产品的商标和名称判断产品品牌和产品功能属性特征，在琳琅满目的众多产品中脱颖而出，塑造独树一帜的品牌形象。一个成功的水果包装设计，需要在消费者心中建立深刻的品牌认知，而果品的包装不仅要树立品牌意识，还要强化消费者对水果品牌的认同感，如系列化设计就是一种很有效的手段。对于消费者来说，系列化包装设计是具有整体性视觉化的商品体系，使商品在各式各样的包装中首先获得消费者视觉上的接受和认同；对于企业来说，它优化了产品的多样性、组合性和统一性。

（2）包装功能结构调整。果品包装的功能结构也要考虑到。水果包装件在储运过程中受到冲击、振动、跌落、摇摆、静压力等多种因素的影响，从而导致水果受到摩擦、挤压而出现破损现象。为了减少水果在运输和销售过程中的损耗，新型的果品包装就该注意包装内部结构，现在的很多包装要么专为运输，要么专为销售，如何将运输包装和销售包装相结合，减少水果从运输包装向销售包装转移的工序和损伤，也将成为果品包装发展的一大趋势。

（3）包装结构要有创新。果品包装的结构创新上有很大的空间。现在新型的包装就在升华此方面，首先考虑到的是"人体工程学"，手与包装的关系，使消费者在使用过程中不会感觉到疲劳。"仿生设计学"为一种新的包装设计方向，这种结构体现是把水果的特征或者本身结构放大，提取最能表达水果特征的那一部分加以延展。这种结构的表达有一定的艺术性和美感，能够带动消费者的积极性，给消费者留下深刻的印象。

（4）包装思路的新变化。人们对水果新鲜程度上的要求越来越高，传统的大包装已经不适应大部分消费者的消费需求，小型化的包装慢慢地取代了大包装。小型化包装的优点在于能够更好地保证水果的新鲜度，方便一次性食用。

消费者在购买水果时，往往会关心水果是否有损坏，传统的水果包装是密封不透明的，消费者在买的时候需要拆箱查看包装内的水果，这样一来，就不利于进行商品的交易，也有可能会降低水果的保存时间，所以，现代水果包装会采用一些透明的材质设计视角的空心化，这样的设计，不仅改善了外观，更重要的是抓住了消费者的心理，把整个水果暴露给消费者，提升了购买欲。

鉴于消费者口味的不同，可以把两种或者两种以上的水果组合在一起进行包装，或者可以根据水果的颜色和产地、类别等进行组合包装。这样的包装形式能够让消费者吃到不同种类的水果，提高了消费体验。

第四节 蔬菜包装标识要求与应用示例

蔬菜是指可以生食或通过烹饪成为食品的植物或菌类，根据其食用器官被分为五大类，包括根菜类、茎菜类、叶菜类、花菜类、果菜类，是人们日常饮食中必不可少的食物之一。蔬菜富含人体所必需的多种维生素和矿物质等营养物质。据联合国粮农组织 1990 年统计，人体必需的维生素 C 的 90%、维生素 A 的 60% 均来自蔬菜。此外，蔬菜中还有多种多样的有益于人体健康的功能成分，因此随着生活水平的提高，人们对新鲜蔬菜的需求日益增长。

蔬菜自田间采摘后仍是活的生命有机体，需要进行呼吸代谢、水分蒸腾、物质代谢等生命活动，其组织鲜嫩，易受机械损伤、动物与昆虫的侵害、微生物的侵害，易受环境因素影响，在贮藏、运输及销售过程中需要合适的温度、湿度和气体环境来维持新鲜蔬菜的正常生命过程，尽量减少外观、色泽、重量、硬度、口味、香味等的变化，以达到保质保鲜的目的。为此，有必要针对蔬菜采后的生理变化采用相应的包装手段，促进我国蔬菜产业的健康发展。

一、蔬菜产品对包装的基本要求

对于蔬菜进行包装最基本也是最重要的要求即确保蔬菜品质。包装材料、容器和方式的选择应保护所包装的蔬菜，避免磕碰等机械损伤，满足新鲜蔬菜的呼吸作用等基本生理需要，减轻蔬菜在贮藏、运输期间病害的传染；应方便新鲜蔬菜的装载、运输和销售；应安全、便捷、适宜，尽量减少包装环境的变化，减少包装次数；应节能、环保，可回收利用或可降解，不应过度包装。

在选择包装材料时，考虑产品包装和运输的需要，结合不同的蔬菜，考虑包装方法、可承受的外力强度、成本耗费等实用性因素，需要冷藏运输的新鲜蔬菜，其包装材料的选择除考虑上述因素外，还应考虑所使用的预冷方式。包装材料应清洁、无毒、无污染、无异味，对于叶菜类蔬菜要选择具有一定的防潮性、抗压性包装材料。包装应能够承受得住装卸过程中的人力或机械搬运，尤其是花菜类、叶菜类等易受损蔬菜，在进行包装时要承受得住上面所码放物品的重量，承受得住运输过程中的挤压和震动，承受得住预冷、运输和存储过程中的低温和高湿度。

二、包装材料

(一)包装材料的现状

蔬菜包装起到保护蔬菜、防止污染、方便运输、延长贮期、促进销售的作用,直接影响着蔬菜的品质和人体健康。包装是蔬菜成为商品的重要环节,而包装材料更不可忽视。

目前,市场上多选用纸、塑料、泡沫、木材作为蔬菜的包装材料。从包装容器的角度,有塑料箱、纸箱、钙塑瓦楞箱、板条箱、筐、加固竹筐、网、袋、发泡塑料箱。塑料箱多以高密度聚乙烯为材料,适用于任何蔬菜;纸箱以瓦楞板纸为材料,适用经过修整后的蔬菜;钙塑瓦楞箱以高密度聚乙烯树脂为材料,适用于任何蔬菜;板条箱由木板条制成,适用于果菜类;筐多以竹子、荆条制备,适用于任何蔬菜;加固竹筐以筐体竹皮、筐盖木板为材料,适用于任何蔬菜;网、袋则以天然纤维或合成纤维为材料,适用于不易擦伤、含水量少的蔬菜;发泡塑料箱以可发性聚乙烯、可发性聚丙乙烯为材料,适用于附加值较高、对温度比较敏感、易损伤的蔬菜。从包装类型的角度分为内包装和外包装,内包装一般使用 0.01 ~ 0.03 mm 厚的塑料薄膜或塑料薄膜袋、包装纸,如超市小包装较多使用塑料托盘外包透明自粘塑料膜,或将自粘膜直接包裹蔬菜进行简易包装,内包装多选用透气性良好的材料。外包装要适宜流通、搬运,防止蔬菜的机械损伤,即选用能够保护蔬菜的材料,如纸箱、塑料箱(高密度聚乙烯、聚苯乙烯)、钙素箱、板条箱、竹筐、柳条筐、塑料网和塑料袋等。

在运输贮藏中,瓦楞纸箱广泛应用于各类蔬菜产品的包装,瓦楞纸箱不仅具有包装和承载作用,还可以起到缓冲作用,保护蔬菜的完整性。瓦楞纸箱根据其层数、结构、内部的填充物等多个方面来相应地调节缓冲作用的强度。在运输贮藏中,不同层数的瓦楞纸箱对被包装的蔬菜具有不同的缓冲作用,三层瓦楞纸箱的缓冲作用低于五层瓦楞纸箱;瓦楞纸板的瓦楞越大,材料使用效率越高,缓冲能力越高,但其边压及承压能力降低。瓦楞纸箱内部的填充物琳琅满目,不同填充物的缓冲能力、重量、价格和便利性均有所差别。目前,市场上常用的瓦楞纸箱包括3层、5层和7层,填充物包括珍珠棉、气柱袋、瓦楞纸、气泡膜和散装珍珠棉等。

在超市、菜市场中,保鲜膜包装蔬菜最为普遍。蔬菜的含水量较高,因而采后极容易腐败变质,缩短贮藏期。当蔬菜的失水率达到 5% 以上时,一般就显示出失鲜状态,出现表面皱缩、光泽消褪、细胞空隙增多等现象,严重影响其营养品质和商品价值。正因蔬菜的上述特性,商家多选用具有保鲜效果的保鲜膜为包装材料。在实际应用中,需根据贮藏方式以及蔬菜的生理特性来选择保鲜膜。通常在采用充气气调法保鲜蔬菜时，需要选择阻隔性高的保鲜膜，以保持膜内气体成分不受外界气体的影响，膜内 CO_2 体积分数一般控制在 2% ～ 10% 为宜，过高则影响呼吸作用，导致有害物质积累，O_2 体积分数不能低于 1%，否则会缺氧，严重影响蔬菜的商品品质，相对湿度低于 80% 时蔬菜会大量失水，失去商品性。自发气调法保鲜时需要根据贮藏蔬菜的呼吸特点来进行合理选择，不同蔬菜所需保鲜膜厚度不同，在使用 PE 保鲜膜进行保鲜时，青椒为 0.04 mm，而茄子为 0.06 mm。

（二）包装材料的问题

我国现用的蔬菜包装材料有塑料、纸板、合成橡胶、复合薄膜等制品，纸板和塑料包装材料是蔬菜包装的主要材料，而这些材料存在极大的安全隐患。除了安全问题外，包装材料还存在着选择方面创新意识淡薄，容易降解且能够可持续性循环利用的生态材质等新材质利用率低，对于包装材料的性能特征认识不够清晰，没有考虑到环保、绿色、可持续性发展。

1. 纸质包装材料的问题

纸质包装材料约占食品包装材料的 48%，具有来源丰富、成本低廉，保护性高等优点，因此同样被广泛应用于蔬菜包装。而纸质包装材料同样具有不容忽视的缺点：加工过程易对环境造成污染，存在细菌、化学物、清洁剂、涂料等残留，当材质使用不当，选用劣质、污染的纸质材质对蔬菜进行包装导致食品安全健康隐患。荧光增白剂增加了纸张洁白度，但有致癌作用；上浆剂、染色剂和无机颜料，这些添加剂含有各种金属离子，均对人体健康有威胁；在纸张上进行印刷，会使用油墨铅、镉、汞、铬等重金属和苯胺、稠环等化合物，重金属会导致人体中毒，苯胺、稠环类化合物同样具有致癌性。

2. 塑料包装材料的问题

塑料是以树脂为基本成分的高分子聚合物，通过添加剂改善性能，参加反应的单体不同，可产生不同的塑料制品，是我国蔬菜包装的主要原料。塑料因其质量轻、原材料丰富、易加工、化学性能稳定、美观大方、保护性能高而被广泛应用于蔬菜包装，但也存在以下几点问题：塑料本身无毒，为了改善制品的应用性能常加入一些单体材料，如人们常在石油基材料中添加多种加工助剂，这些单体材料以及裂解产物极易迁入食品，由于这些助剂大多为人体内分泌干扰物，对人体健康产生负面影响；树脂聚氯乙烯 50℃以上能析出氯化氢气体，有致突变性，危害人体；聚氯乙烯游离单体发生烷化反应产生氯乙烯，在肝脏中形成氧化氯乙烯，易产生肿瘤；丙烯腈是强致癌物质，因此常常遭遇国际贸易壁垒；在塑料上印刷图案，需要在油墨中添加甲苯、醋酸乙酯、丁酮等溶剂，这些物质被人体吸收，会损伤神经系统，破坏造血功能，引起人体中毒，在生产塑料过程中加入的润滑剂、着色剂、稳定剂等，这些物质与食品接触，也会产生食品毒性；把回收的废弃塑料当成新材料重复使用或掺混在塑料中，造成食品安全隐患，大部分塑料制品都有较强的抗腐蚀能力，不易与酸碱反应，分解性很差，导致环境白色污染。

（三）包装材料的发展趋势

蔬菜包装的发展应跟随消费者以及生产者、企业的需求，一方面满足消费者对新鲜、高品质的蔬菜要求；另一方面满足企业家对降低成本，提升效益的要求；另外还要考虑包装材料对资源和环境的影响，即提高蔬菜包装材料的安全性、环保性、经济性和功能性。

为解决蔬菜包装材料安全性问题，推广可降解包装材料。对可降解包装材料的研究主要集中在生物降解塑料。美国食品和药品管理局规定，除了生物降解塑料和极少量的水降解塑料用于食品包装外，其他类型的可降解塑料都不能作为食品包装材料，光降解塑料不能接触食品。生物降解塑料在微生物的作用下，最终生成二氧化碳和水，对人体无害，是公认的绿色环保材料。用生物可降解塑料做蔬菜包装容器，市场前景广阔。

为了应对一次性塑料包装制品大量废弃物造成的环境污染，很多国家都在研发和应用天然合成材料、可降解材料等新型绿色蔬菜包装材料。用生物高聚物合成的可食性与全降解食品包装材料成为研究的热点。天然生物高聚物主要有多糖类、蛋白质类，合成生物高聚物主要有聚羟基脂肪酸酯、聚乳酸、聚丙交酯、聚己内酯、聚乙烯醇等。通过加入增塑剂和容易降解的聚合物等方法合成生物高聚物，获得理想材料。

为了解决过度包装、不合理使用包装材料的问题，鼓励使用绿色纸质包装材料。纸质材料原料易获得，成本低，使用后可回收再利用，提高蔬菜包装材料的经济性。纸质包装根据纸质材料的制作工艺分为纸浆类材料和回收纸质材料。纸质包装材料由于主要由植物纤维组成，因此容易自然分解。纸质包装材料具有一定的硬度，能够构成纸箱、纸袋等运输包装，因此不论是蔬菜贮藏还是蔬菜运输，纸质包装均可广泛使用。

为解决蔬菜贮藏、运输过程中的保质保鲜的问题，推广使用功能性包装材料。包装材料与保鲜方式相结合，如：保鲜瓦楞纸箱，在纸箱的内表面加入镀铝保鲜膜或在造纸阶段混入能吸附乙烯气体的多孔质粉末（如 SiO_2 纳米粉剂），不仅能吸收乙烯，防止水分蒸发，而且能反射辐射线，防止箱内温度升高，从而保持蔬菜的鲜度。被称为食品包装领域的一次产业革命的新型纳米包装材料也是蔬菜包装材料的发展趋势，包括有纳米抗菌性包装材料、纳米保鲜包装材料、新型高温阻隔性包装材料。例如，新型纳米抗菌材料是在尼龙中添加一种特殊的纳米黏土复合制成，经改性后不但提高了强度和韧性，还对大肠杆菌、金黄色葡萄球菌具有明显的杀伤效果，生产成本低，有利于推广。芥末提取物、壳聚糖、海藻酸钠等用于抗菌剂薄膜已推向市场，这类抗菌膜用于蔬菜包装，效果良好。

（四）包装材料的实践

如图 3-55，美国的 etech 创新研究利用废弃水果加工制成环保食品包装材料，这种创新材质既可以达到"废物利用"，大大减少资源浪费，也能够起到综合不同水果口味的效果，且成本很低，符合绿色、发展、可持续的观念。

OPP 防雾膜是一种防止水汽在薄膜表面形成结雾而影响透明度的功能性薄膜，利用其对彩椒进行包装（图 3-56），不仅起到保鲜保质的作用，同时因其透明性的材质与蔬菜鲜亮的颜色形成对比，使消费者可以清晰地看到蔬菜的新鲜程度，达到吸引消费者购买的目的。CPP 防雾膜同 OPP 一样具有防雾的功能，将其应用于可食性菌类（图 3-57）同样效果良好。

图3-55　美国的etech利用废弃水果加工制成环保食品包装材料

MS 纳米保鲜纸盒（图 3-58），把天然非金属矿物质用化学处理技术加工到纳米状态，使其具有强吸附作用，让它来吸附纸箱内部果蔬呼吸作用产生的催熟乙烯气体，抑制果蔬的呼吸作用，从而使果蔬能长时间保持新鲜。MS 纳米保鲜纸箱对于蔬菜等生鲜农产品具有良好的保鲜、抗菌、防潮等功能，一般可延时保鲜 10 多天，保鲜时间比普通纸箱要长 1～2 倍，可实现常温贮藏运输，从而降低商品成本。除此之

图3-56 OPP防雾膜包装的彩椒

图3-57 CPP防雾膜包装的食用菌

外，MS纳米保鲜纸箱，绿色环保，可有效减除保鲜药剂的使用，并且不需要保鲜膜、保鲜袋进一步包装，真正做到果蔬产品绿色无污染，已被广泛应用于市场。

EPP材料蔬菜保温箱（图3-59）具有优秀的耐热性、耐低温性；与传统泡沫相比热稳定性更高；分子结构密度小，重量轻，易于运输和携带；能够承受一定的冲击，具有优良的缓冲性能；分子稳定，可长久使用，对人体完全无害，且可降解，是可循环利用材料。

图3-58 MS纳米保鲜纸盒

图3-59 EPP材料蔬菜保温箱

纸袋包装（图3-60），没有印刷图案、文字，利用纸张的原色和蔬果的颜色进行搭配反而更能带给消费者生活气息。还有市场中较多使用的蔬菜包装专用纸（图3-61），由PE与碳酸钙为原料，每平方米定量不同的克数，主要应用于大白菜、娃娃菜、茄子、番茄等储存、运输过程中的保鲜和外包装防护。

图3-60　纸袋包装　　　　　　图3-61　蔬菜包装专用纸

三、包装形式

（一）包装形式的现状

我国农产品深加工的能力还很差，主要农产品中经过加工成为食品成品的仅占总产量的 2%～30%（发达国家占 15%～70%），我国消费食品仍以未加工的资源性原料为主，约占 60%（发达国家占 10% 左右）。在我国的出口食品中，原料性食品占70%。新鲜蔬菜是我国出口食用农产品中的大宗产品之一，尤其对东南亚地区出口数量很大。因此无论是国内自产自销还是出口，新鲜蔬菜都离不开包装。包装在现代市场经济中地位越来越重要，它对农产品的价值提升和价值实现关系极大。目前，在蔬菜包装领域，涉及的包装形式主要有热收缩包装、托盘包装、独立包装、组合包装、复合包装，包装物以箱、袋、筐、盘为主。

市场多选用适宜流通、搬运，能有效防止蔬菜机械损伤的包装形式。蔬菜在产地收获处理后直接放入外包装箱，运到销售地销售之前再进行小包装，这在远距离运输时较多采用。目前国内蔬菜流通外包装应用较多的是纸箱、塑料周转箱、塑料网袋等。纸箱、塑料周转箱较多用于果菜，纸箱多是瓦楞纸箱，按照所使用的瓦楞纸板的不同、内容物的最大质量及综合尺寸、预计的储运流通环境条件等又被分为 20 种，基本箱型包括开槽型、套合型和折叠型。塑料编织袋和塑料袋较多用于结球叶菜和根茎菜，塑料编织袋按照袋的扁丝主要树脂分为聚丙烯袋、聚乙烯袋和聚酯袋，按袋的层间结构分为单层袋、多层袋、涂膜袋、复膜袋，按袋的封口方法分为敞口袋、插口袋、方底阀口袋，按袋体编织布的圆周结构分为圆筒袋和中缝袋；塑料袋即以塑料为原材料制备而成的大小规格不　的袋了，但 2008 年 6 月 1 日起，中国实行禁用免费塑料袋，制定废塑料污染税收政策，在全国范围内也将禁止生产、销售、使用小于 0.025mm 的塑料购物袋。

目前市场上多以瓦楞纸箱对蔬菜进行包装，由于每个客户的要求不同，瓦楞纸箱的制造尺寸会有适当的调整。瓦楞纸箱的楞型一般是客户提供的，如果客户没有说明，需要根据内装物的重量、瓦楞纸箱使用的季节等因素综合考量。例如，如果内装物质量较轻，且不是易碎品，所在季节是旱季，就可以使用单瓦楞纸板；如果是易碎品，所在季节是雨季，应该改用双瓦楞纸板，因为雨季会大大降低纸板的抗压强度，容易造成鼓包、坍塌等现象。瓦楞纸箱常用的接合方式是钉合和黏合，接舌尺寸会根据接合方式和纸板楞型来决定，有些接舌尺寸是客户提供的要另当别论。需要注意的是，由于瓦楞纸箱模切成型时，会出现跑位、接舌处包角太小等问题，因此，接舌处要向下倾斜 10mm，临接舌处的开槽口向下要加深 3mm，如图 3-62 所示。瓦楞纸箱是有一定厚度的，所以瓦楞纸箱开槽应该为纸板厚度加 1mm，但是为了方便各种楞型纸箱的开机，都会默认开槽宽度为 6mm。开槽中心线要尽量与压痕中心线对齐，前后左右的偏差要越小越好。

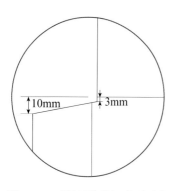

图3-62　瓦楞纸箱模切成型要求

（二）包装形式的问题

1. 欠包装

目前，市场上蔬菜大多没有包装材料，或仅为初级包装（网袋、纸箱、筐子等，如图 3-63、图 3-64 所示）。一方面会使蔬菜在运输和销售过程中造成损耗，影响蔬菜的品质；另一方面，缺少包装即缺乏品牌价值，优质蔬菜得不到合理价格。一些国家进口我国的食品农产品后还需要重新包装，然后进入本国市场，其市场价格远比进口时高，我国蔬菜的运输包装和发达国家相比，差距很人。

2. 包装过度

市场上，蔬菜包装极不平衡，在缺乏包装的同时，也有过度包装的现象。过度包装现象是商家企业为满足消费者特殊消费心理所表现的一种现象。本质上过度包装的

图3-63 初级包装的蔬菜   图3-64 没有包装的蔬菜

突出问题就是本末倒置地忽视了商品自身的价值，将商品性、功能性、附加性放在了首要位置。相同产品在经过精美包装后的价格远远高于散卖的商品价格，甚至有些商品因其奢侈包装售出了天价，可商品本身的价值却差之千里，这种现象在高端蔬菜食材中不乏少数。例如高端番茄品种，包括红圣果、黄圣果、红珍珠、黄珍珠等樱桃番茄品种，普通樱桃番茄市场价 4 ～ 6 元 /kg，经过精美包装后的樱桃番茄价格高达 10 ～ 20 元 /kg。过度包装非但没有让高端蔬菜类食材的真正价值植入人们心中，反而滋长了攀比、奢靡、铺张浪费的歪风。

3. 包装形式不科学

市场上蔬菜包装形式单一，且不根据蔬菜特征选择包装形式。不考虑环境、温度等因素选择包装材料，使果蔬透气不良，造成无氧呼吸，促进其快速败坏腐烂；不考虑蔬菜特性，包装设计不预留通风孔（图 3-65），无法保证预冷效果，对于不耐压的蔬菜包装箱过高，无支撑物、衬垫物等，易失水蔬菜包装物内部无防水层、通风孔等。

图3-65 包装设计未预留通风孔

（三）包装形式的发展趋势

加强包装意识，使生产者认识到包装不是增加成本，反而因包装减少蔬菜损耗提升了经济效益。充分理解包装形式对消费者购买意愿的影响，从消费者行为研究的角度和生产者、企业制定营销策略的角度，去设计针对不同人群、不同蔬菜的包装形式，如针对学生、情侣，提供简洁小包装蔬菜；针对白领等高消费群体，提供精美复合包装蔬菜。

提高包装形式科学性，针对不同特性的蔬菜选择合理的包装方式，结合包装材料设计不同的包装容器，如结球叶菜和根茎菜使用塑料编织袋，果菜选择纸箱、塑料周转箱；在贮藏运输过程中，包装箱的设计考虑不同蔬菜特性的要求，包装后再预冷的蔬菜，包装箱设计通风孔，确保足够的通风面积保证预冷效果；不耐压的蔬菜包装箱设计不会太高，通常在容器中增加支撑物（瓦楞、插板、支架、隔条等）和衬垫物（纸、泡沫塑料等）；易失水蔬菜的包装箱应在箱的内壁设有防水层或在包装箱内加塑料薄膜衬垫，防止失水，但温度高时会注意蔬菜通风，在衬垫薄膜上打眼，做到既能保水又能透气。根据蔬菜的呼吸性、含水量来选择是否具有透气孔及不同大小空隙的容器。市场上不同密度的蔬菜包装纸、周转箱就是由此应运而生的。

提高包装形式多样性，对不同材料进行组合或者复合利用。对需要长途运输的易受损蔬菜在放进周转箱前先采取小包装；对于价格较高的功能型蔬菜采取不同包装原料的组合包装形式。

（四）包装形式的实践

国外圣女果会直接在田间进行采摘分装（图3-66），以此来节约时间，迅速运往消费者手中，在确保了圣女果新鲜优质的同时，也提供给消费者完美的购物体验。如图3-67，对番茄进行复合包装时，盛放于纸盒的每个番茄先用泡沫隔开，这样的包装方式极利于长途运输和贮藏保鲜，市场中相同品质番茄，复合包装的产品可以更好地吸引消费者。

对于冬瓜等耐储存、价格低且不易受损的蔬菜，在进行长途运输的过程中，只是利用干草进行简单包装（图3-68），以达到维持干燥的环境并保护蔬菜免受物理伤害的效果。

将不同蔬菜进行混合包装（图3-69）也会是不错的选择。

对高端功能型蔬菜的独立包装形式（图3-70），以及价格低廉的蔬菜选用网袋包装（图3-71）。

图3-66 直接在田间进行采摘分装

图3-67 番茄的复合包装

图3-68 只是利用干草进行简单包装

图3-69 不同蔬菜的混合包装

图3-70 高端功能型蔬菜的独立包装形式

图3-71 价格低廉的蔬菜选用网袋包装

四、标签（标识）

（一）现状

标签是包装的必要组成部分，它包括产品的相关信息，就是在包装物上标注或者附加标签，标明品名、产地、生产者或销售者名称、生产日期的部分，与标识属于同一概念。农产品生产企业、农民专业合作经济组织以及从事农产品收购的单位或者个人销售的农产品，按照规定应当包装或者附加标识的，须经包装或者附加标识后方可销售。包装物或者标识上应当按照规定标明产品的品名、产地、生产者、生产日期、

保质期、产品质量等级等内容；使用添加剂的，还应当按照规定标明添加剂的名称。具体办法由国务院农业行政主管部门制定。

标签上除标明以上基本内容外，还会有强制性标识内容，如农业转基因生物的农产品，应当按照农业转基因生物安全管理的有关规定进行标识，生产经营转基因食品应当按照规定标识；依法需要实施检疫的动植物及其产品，应当附检疫合格标志、检疫合格证明。销售的农产品必须符合农产品质量安全标准，生产者可以申请使用无公害农产品标志。农产品质量符合国家规定的有关优质农产品标准的，生产者可以申请使用相应的农产品质量标志。无公害农产品、绿色食品、有机食品和地理标志农产品，简称"三品一标"，凡是属于"三品一标"的蔬菜，在标签上需明确标注相应标志和发证机构，但标志只能在外包装标签上注明的指定产品上使用，禁止冒用农产品质量标志。

国外对农产品包装物内容要求除有准确的品质成分、生产日期、保质期、特殊贮存条件或是否为转基因食品等详细说明外，还对有机食品设定专门的衡量标准。欧盟的食品标签法规标准体系完备，通常以指令、条例的形式出现，采取的是两种立法体系：一种是规定各种食品标签通用内容的法规。如价格规定和营养标识等，任何欧盟国家销售的食品都要符合通行标签法规。另一种是规定各种特殊食品标签内容的体系，其中就包括有机食品的标签。美国所有食品的包装标签中，除了对包装的食品做通常的说明（名称、重量、构成、保质期、食用方法、生产单位、条码等）外，还包含诸如热量、脂肪、胆固醇等营养成分的说明。

（二）问题

蔬菜包装标签上的内容不符合国家标准基本要求的现象非常普遍。例如，有些食品将生产日期打印在内部独立包装上，外包装为纸盒并且密封，不能直接开启或透过外包装物来识别生产日期（图3-72），这就不符合 GB 7718—2011 中 3.11 条款的要求，此情况应在外包装物上按要求标示。

图3-72　不能直接开启或透过外包装物来识别生产日期的外包装

强制性标示内容未按规定进行标示。例如，净含量的标示没有使用引导词"净含量"；净含量字符的最小高度不符合规定要求，如标示净含量为1kg，字符高度不足3mm，而标准要求不得小于6mm；还有将净含量单位标注错误，例如净含量为1kg的产品标注为"1公斤"，公斤并非法定计量单位。

包装标志混乱，个别经营单位销售标识不规范的农产品，假冒绿色食品、无公害农产品标志现象普遍；擅自扩大标志使用范围及一标多用；被暂停产品证书未在规定期限内改正却依旧使用相关标志；标志的种类、规格和尺寸不符合相关标准。

（三）发展趋势

在蔬菜标签的强制性内容、特殊内容方面向国外学习借鉴，完善立法及衡量标准，有关部门应对市场上的农产品包装标识进行调查清理。坚决抵制不实包装、模糊标识的现象。

要加强对农产品、食品生产经营者、包装行业和消费者的宣传和教育的力度，使之明白自己的相关权利和义务，掌握相应的食品安全知识，促进标签的规范化。

在标签发展规范化的前提下，使标签"简单化"。已有很多企业关注"溯源"新型标签，即通过扫一扫蔬菜包装上的二维码，不仅能得到该农产品的名称、产地、收获日期等基本内容，还可以看到它从产地到消费者手中的各个流程，在确保每个环节的信息透明化的同时，还达到了标签的"简单化"，从一张标签纸变成了一个简单的符号（图3-73）。

图3-73 蔬菜包装上的二维码

（四）实践

市场上对属于"三品一标"的蔬菜，生产者均会标注相应标志（图3-74），这有利于消费者对普通蔬菜与优质蔬菜进行区分。根据相关标准，在销售环节，有机蔬菜除产品上应加贴有机标志外，还应在柜台货架上公示"有机产品认证证书"，上面包括认证时间、地块、品种、产量等信息。但有些企业声称其有机蔬菜是经过认证的，认证真假普通消费者却难以识别，因此对于优质蔬菜的销售环节，在柜台货架上进行官方的详细标明还是很有必要的（图3-75）。

图3-74　"三品一标"蔬菜的标志　　　　图3-75　"三品一标"蔬菜柜台

货架的官方详细标识

图3-76中，该产品不仅附有二维码标签，还有蔬菜农药残留检测的相关内容。图3-77在贴有有机蔬菜的标识的同时还显示了香菜的"身份号"。

图3-76　二维码标签和农药残留检测标识　　图3-77　有"身份号"的香菜

五、包装与标识的综合应用

（一）包装与标识综合应用的现状

随着物质生活日益丰富，购买力不断提高，人们的购物观念正由过去以实用、廉价为准则，转变为以产品设计是否新颖、漂亮为取向。产品的质量、价格、包装、商标、企业的促销活动都会影响购买动机，一件成功的产品必然会在人们的使用中给人以美的享受。自从我国加入 WTO 后，食用农产品的国际贸易不断增加，同类产品的差异性减少，品牌之间的同质性增大，任何一种产品都会有很多生产者蜂拥同一市场，产品之间可识别性差异越来越模糊，产品使用价值的差别越发显得微不足道。据调查，有代表性的产品中其销售的 90% 都与包装质量有关。

与我国蔬菜食材的包装设计做比较，国外蔬菜类食材的包装趋向的是简约淡雅，我国的较为复杂，国外没有过多的装饰，一根麻绳加上一个标签就是一个包装，在颜色上国外高端蔬菜类食材的包装单一、简单，我国的颜色艳丽。国外包装设计师善于将简约的设计理念通过 LOGO 和英文商标结合的方式来进行设计，图案纹样上去繁取简，突出的是蔬菜本身的美感，不喧宾夺主也不会过于封闭的隐藏蔬菜食材本身的形状，这也成为国外高端蔬菜类食材包装设计的一个独特风格和品位（图3-78、图3-79）。中国讲究天人合一的和谐美感，所以在高端食材的包装设计造型上基本上都只能看到方盒形的包装（图3-80），但从趣味性的角度来说，这种造型虽然尊重了我国传统文化和谐精整的理念，但也缺少了设计理念中非常重要的趣味感，反观国外高端蔬菜食材的设计有圆筒形、花束形或是简单的捆绑形。

图3-78 国外的番茄包装

图3-79 国外的胡萝卜包装

图3-80 中国的方盒形包装

（二）包装与标识综合应用的问题

1. 缺乏重视

我们对农产品的包装工作缺少正确的认识，重视不够，农产品包装设计工作还处于起步阶段，与国外发达国家相比还有很大的差距。一方面，好的农产品，没有进行包装设计，卖不上好的价格；另一方面农产品的包装设计简单，市场上包装抄袭现象严重，缺少创意，品牌不强，也缺乏市场竞争力和国际竞争力；在包装技术下乡、包装的标准制定、人才队伍建设等方面，我们的政策支持力度还不足。

2. 缺乏文创

我国蔬菜包装设计普通、风格单一，大多是长方体纸盒或包裹保鲜膜的塑料托盘，不会利用色彩、图形、文字、造型来制备新颖的包装容器，包装缺乏美感，不能真实反映实物并带动消费者的思维，引导消费者产生味觉联想，提高购买欲望。

（三）包装与标识综合应用的发展趋势

1. 提高蔬菜包装设计中的文创性

提高蔬菜包装的文创性，就是要注重体现商品和艺术的结合，使商品具备货架印象、可读性、外观图案、商标印象、功能特点说明等要点，从而吸引消费者的关注，增强产品的竞争力，增加产品的附加值，促进商品的销售。包装设计中的艺术元素，文字、色彩、图案、造型都是非常重要的组成部分。

重视文字在包装设计中的应用，蔬菜的设计包装在文字设计方面，首先要能够准确地表达出商品的直观信息。其次，在视觉上，还应该做到以文字凸显包装美化的功能，字体的整体形势上要能够清晰识别、简单阅读、艺术性和感染力共存，并且，食材的内容与大众审美意识和思维方式达成一致，在消费者通过文字对商品进行了解的同时，能够产生美感，也能够勾起对食品食材的联想。对于创新字体最好的应用即让食品的特征得以传递表达，尤其是承载绿色、生态、环保类信息的蔬菜类形状与文字相结合的方式，不仅要衬托出产品的别致淡雅，也能让消费者联想到风光秀美的山水土地和良好的蔬菜产区，让人们的消费心理和购物心情得到美好的感受。

重视蔬菜包装设计中的色彩运用，色彩是食品包装装潢设计的重要部分，单一的色彩设计方式能够减少油墨使用量，也能够保证印刷工序和程序的减少，蔬菜类食品包装设计中的色彩可以对食物原有色调进行整合，也可以对色彩进行点缀搭配，让食品的固有颜色得到很好的转达和突出，也能够清晰明了地让消费者看到设计的意图，除此以外，对不同的食品属性和性质，应搭配不同色彩。

灵活运用蔬菜包装设计中的图案，运用鲜活逼真的图案让商品本身更具有说服力，让消费者在看到图形的时候感受到商品的真实性并有购买欲。通过由绘画、撰写、刻画、印盖等方式所产生的艺术符号，按照表现内容的需求度，以简洁生动的形象图案作为设计元素，结合独创的构图形式，让图案本身具有一定的创新性，保证商品信息的准确传达，也能够在视觉上调动起消费者的购买欲望。

重视蔬菜包装设计中的造型运用，利用造型让可利用的材料在有限的空间内实现美感的创造，简单来说就是让材料借助包装形态传递商品审美价值。创造性地对食品包装设计的造型进行形式和材质上的设计，力求不仅要突破传统的集合造型，还要通过创造性的设计形式，达到视觉吸引、宣传快捷、商品销售功能更强等状态，同时还能够节省成本，提高包装材料利用率。

2. 提高蔬菜包装设计中的针对性

使设计打破常规，对惯有的包装设计思维和理念进行突破，在面向大众的时候能够将大众欣赏和既定的客观想法给予引导，指导包装设计作品迎合需求者品位。如国外面向儿童设计的英雄主题的蔬菜包装系列（图3-81）。

图3-81　国外面向儿童设计的英雄主题的蔬菜包装系列

3. 提高蔬菜包装设计中的新颖性

创造性对待市场变化，客观解决设计过程中出现的问题，将新观念、新想法应用到蔬菜包装中，克服食品包装中同化、相互抄袭、没有新意的缺点。将绿色、环保、发展的包装形式融入创新包装设计中，引起大众的新鲜瞩目，吸引更多消费者的购买欲。

4. 提高蔬菜包装设计中的价值性

在提高蔬菜类食材包装设计的创造性的同时，包装设计不能只是追求标新立异，对于包装成本反而忽视，包装设计不是单纯的艺术表现方式，更需要在体现艺术性的同时，注重成本，使其得到最高的经济效益。

图3-82　花束造型的蔬菜包装

（四）包装与标识的设计实践

如图3-82，整个包装以花束为造型，简单的花束形中间部分是几个字母及象征蔬菜的卡通标志，最底部选用类似土壤的深褐色，与包装上部因包装材料完全透明而露出来的蔬菜本身的颜色形成对比，从外部的包装和内部食材形象的结合上形成了统一的清新视觉效果，像花束也像一个精致的装饰物，而且每份蔬菜都是处于一个独立的包装，这种包装的方式不仅让蔬菜食材能够轻易地被分辨出来，还能够完整地、独立地、最大限度地保存好蔬菜食材的味道，同时还能做到防腐、防潮，最关键的是能够让人在消费、品尝的过程中感受到趣味性，给人们带来美感和快乐，花束的形象也让外部包装和内部食材形成统一的形象，能够最大限度地吸引人们。

图3-83则是选取硬塑料为包装原料，整体是一把伞的形状，同样是透明设计，使消费者可以清楚地看到圣女果是否新鲜完好，整体风格简洁，没有太多的文字图案，单纯利用包装造型和蔬菜本身的颜色来吸引消费者。同时，因容器的可重复利用性，更容易受到人们的青睐。

为了降低农产品包装费用，日本长野县农协开发出了六角形的农产品包装所用的瓦楞纸箱（图3-84）。通过改良纸箱形状，切掉对角线的两个角，既节省了用纸量还提高了使用强度。六角形的纸箱里放入圆形农产品时，能节省边角间隙，还由于增加了边角的数量提高了纸箱强度。以15kg白菜的纸箱为例，包装箱用纸量可节省0.932m²，大约节省成本3%。被切去边角的表面还能印刷产地等，起到一般纸箱所不具备的吸引眼球的宣传效果。

图3-83　伞形的圣女果包装

图3-84　六角形的瓦楞纸箱

图3-85中的蔬菜包装设计，与一般蔬菜选择了同样的纸盒包装，但因其颜色、文字、图案的设计又区别于其他蔬菜，通过包装将蔬菜产地的纯净、自然，蔬菜的原生态形象传递给每一个追求高品质、健

康生活、热爱大自然的消费者。透过包装使消费者感受到当地惬意、回归自然的生活状态，独特的创意和富有美感的文字，直观地传递出产品的品质、品牌独特的价值。

同样的一盒有机蔬菜，消费者往往更容易被有着独特 LOGO、图案的商品所吸引，不需要太多文字，只是"有机蔬菜"四个字，加上能起到宣传效果及树立品牌效应的图标，便轻松地在众多设计的蔬菜中脱颖而出了（图 3-86）。

图3-85　纸盒蔬菜的设计　　　　图3-86　有机蔬菜包装的独特设计

六、问题、趋势与展望

我国是世界四大文明古国之一，农业历史悠久，源远流长，蔬菜生产起源于原始农业。7 000 ～ 8 000 年前的新石器时代，我国的先民就已开始栽种葫芦、白菜、芹菜等。无论是最初盛放蔬菜的石洞、地窖，还是如今的可降解纸袋、恒温箱，对于蔬菜，都是一种包装，只不过是随着人类的发展，蔬菜包装也在不断地完善。即使包装材料、技术一直在提高，仍然存在着大大小小的问题：包装材料选择不当，包装材料安全性低，环保性差；包装存在欠包装及过度包装现象，包装形式不科学等；蔬菜包装设计的仿造、过度、欺骗现象严重，包装设计整体上文化趣味性低，缺乏审美功能，包装设计内容空泛，操作性和针对性不强；包装标识存在不规范或不符合法律法规要求的现象。

随着人们生活质量的提高和现代包装科技的发展，人们对蔬菜包装有了新的要求和标准，加上对环境问题的关注和可持续发展理念的深入人心，我国蔬菜包装必然走向绿色化。近年来，无论是国内外研究火热的可降解纸质包装还是纳米保鲜纸盒，均受到社会各界人士的广泛关注。包装材料与保鲜方式结合不断突破，气调保鲜包装、控湿保鲜包装、抗菌保鲜包装、控温保鲜包装、减损包装和智能包装均有很大的发展空间；功能性成分与新型包装材料的结合更是持续创新，在保持蔬菜品质和鲜度的同时，为绿色发展提供新的动力。

第五节　粮食包装标识要求与应用示例

一、粮食产品对包装的基本要求

（一）粮食产品概况

"民以食为天"，粮食是人类赖以生存的主要食物来源，也是关系国计民生的重要战略物资。"粮食"是指供食用的谷类、豆类和薯类等原粮和成品粮，其中谷类包括稻米、小麦、玉米、谷子、高粱和其他杂粮。中国是世界上的粮食生产大国和消费大国。我国历代传颂的《三字经》写道："稻、粱、菽、麦、黍、稷，此六谷、人所食"，稻米列为六谷之首，足以说明它在所有粮食品种中的巨大价值和重要地位。目前我国五大粮食类产品为稻米、小麦、玉米、大豆和马铃薯。根据国家统计局发布的数据（表3-8），2017年全国粮食播种面积1.12亿 hm^2，总产量6.18亿 t，其中，谷物播种面积0.93亿 hm^2，总产量5.65亿 t，粮食生产再获丰收，属历史上第二高产年。大米、面粉制品、小米等杂粮类产品作为我国人民日常消费的必需品，在各类市场广泛销售。

表3-8　我国粮食播种面积和产量（2017年国家统计局数据）

种类	播种面积（万 hm^2）	总产量（万t）	单位面积产量（ kg/hm^2 ）
粮食	11 221.96	61 790.7	5 506.2
谷物	9 293.02	56 454.9	6 075.0
其中：稻谷	3 017.60	20 856.0	6 911.5
小麦	2 398.75	12 977.4	5 410.1
玉米	3 544.52	21 589.1	6 090.8
豆类	1 035.20	1 916.9	1 851.7
薯类	893.73	3 418.9	3 825.4

（二）粮食贮藏品质特性

粮食在贮藏期间极易发生吸湿返潮、发热霉变、虫害、陈化等品质劣变的现象。由于在加工精制过程中，粮食经脱壳碾磨处理失去了外壳和皮层的天然保护，特别是面粉制品，使其淀粉、蛋白质、脂肪等营养物质直接暴露于外界环境中，易受到温度、湿度、氧气等因素的影响，导致吸湿性强、虫害易滋生、营养物质代谢加快，从而极易发生品质劣变，如陈化、黄变、霉变、感官和营养品质降低等问题。

影响粮食贮藏品质特性发生变化的因素主要有以下几个。

1. 水分

粮食中通常含有一定水分，适当的含水量是保证品质和食味的基础。含水量低的粮食在常规条件下贮藏，呼吸强度小，霉菌不易繁殖，品质劣变慢；反之，含水量高的粮食在常规条件下贮藏，品质劣变快。因此，在常规条件下贮藏，粮食含水量通常要控制在 14% ~ 16%。水分影响着粮食中脂肪酸反应情况，低水分粮食的脂类化合物以氧化为主，而高水分粮食则以水解为主。水分影响着粮食的气味和酶活度，水分过高会促进微生物生长繁殖，导致粮食容易发生霉变。

2. 淀粉

粮食淀粉主要由支链淀粉和直链淀粉构成，直链淀粉对食味品质影响甚大，是影响食用品质的重要因素。粮食吸水率的高低受制于粮食新陈度，随着时间延长，粮食会发生不同程度的陈化，引起淀粉微晶束结构加强和难以糊化，导致蒸煮品质变化。贮藏期间，粮食由于淀粉部分脱支老化，淀粉水解为糊精和小分子糖，不溶性直链淀粉增加，食用口感变劣。此外，淀粉水解产生的小分子糖中存在游离的还原基，具有还原性，在有氧气存在的情况下容易发生氧化，严重影响粮食贮藏品质。

3. 脂肪

粮食中脂肪含量虽然很低，但脂类物质作为粮食的一个重要组分，容易发生脂肪自动氧化，同时易通过酶促反应而降解产生脂肪酸、甘油等，俗称脂肪酸败，影响贮藏品质。脂肪酶是以脂肪为作用底物的水解酶。脂肪酸值能反应贮藏期间粮食发生劣变的快慢程度，是粮食贮藏品质的重要指标。长期贮藏的粮食脂肪酸值升高明显，影响品质和风味，直接导致食用品质下降。新收获的粮食，脂肪酸值一般在15mgKOH/100g 以内。脂肪氧化是导致粮食陈化的最主要原因。

4. 蛋白质

粮食中的蛋白主要成分为谷蛋白、球蛋白和醇溶蛋白。粮食蛋白的胱氨酸含量较高，含有较多二硫键，在储藏过程中由于光照、空气、水分的影响，蛋白质结构容易断裂，从而使得蛋白内部巯基发生氧化生成稳定性强的二硫键，导致盐溶性蛋白含量明显下降，影响食用品质。

5.气味和挥发性物质

气味和挥发性物质的变化可以直观反映粮食的新、陈度和霉变。挥发性物质变化与粮食中营养物质的变化有很大关系，脂质的水解和氧化，蛋白质、氨基酸的降解，糖类的代谢及微生物的作用会使挥发性成分发生改变，成为鉴定粮食陈化的重要因素之一。比如，新鲜大米中挥发性成分主要包括烃类、醇类、醛类、酮类、酯类、有机酸类及杂环类化合物等，随着大米陈化进程加快，高沸点的正戊醛、正己醛等醛类化合物含量增加，产生难闻的霉味和哈喇味，使大米成为最难保存的粮食产品之一。

（三）粮食贮藏保鲜技术

由于粮食容易受环境温度、湿度、氧气等因素的影响而发热霉变，导致贮藏特性和食用品质劣变；同时，霉菌和虫害也会对粮食造成直接侵害，导致粮食出现损耗和养分损失，使营养物质加速代谢分解。据联合国粮农组织统计，由于加工贮藏不当，每年造成全世界大约15%的粮食损失。如何从技术与设施等方面保证粮食贮藏品质，延长其保质期和货架期，是关系粮食产业发展和人民健康饮食的关键问题。目前，粮食的贮藏保鲜方法主要有以下几种。

1.低温贮藏保鲜

粮食低温贮藏保鲜是利用机械设备制冷或利用自然的低温条件，降低储粮温度，并利用粮仓或包装围护结构隔热性能，确保粮食在贮藏期间维持在低温（15℃）或准低温（20℃）以下的一种粮食贮藏技术，俗称低温储粮，是粮食贮藏保鲜较好的方法之一。低温条件能有效降低营养成分的流失、抑制霉菌的生长和病虫害的滋生。

2.气调贮藏保鲜

气调保鲜是把气调所需气体注入密闭的包装内，降低包装中氧气的浓度，有效抑制有机体的呼吸，遏制微生物生长繁殖，从而达到保鲜目的，有效提高贮藏产品的保质期。气调保鲜技术是一种新型的科学贮藏方法，已广泛应用于蔬菜、水果及中药材等产品贮藏，在粮食产品贮藏保鲜方面也得到了有效应用。气调贮藏保鲜的气体一般由CO_2、O_2、N_2或少量特殊气体组分组成。O_2可抑制大多数厌氧腐败细菌的生长繁殖，从而保持新粮色泽。

气调贮藏保鲜的方式有两种：利用生物自发气调（MA）和机械气调（CA）。

自发气调贮藏是当前能够在生产中应用的最好贮藏方式。该技术能最大限度地借助粮食呼吸消耗降低O_2浓度，提高CO_2浓度，通过调节包装内的气体组分，形成低O_2高CO_2的协同效应，防止性质活泼的脂类受氧气的影响而被水解、酸败和自动氧化变质，延缓粮食生理生化陈化，达到长期贮存保持品质的目的。

机械气调贮藏是通过机械方式来调节贮藏环境中气体的浓度，能降低贮藏产品的呼吸强度，有效保持产品色泽和延缓品质变化，从而达到延长贮藏保质期的目的，对虫害和霉菌也有一定的抑制效果，多用于果蔬贮藏和粮食贮藏。N_2是惰性气体，一般不与有机生物体发生化学作用，也不被有机生物体所吸收，填充N_2能降低O_2浓度，可抑制贮藏产品的呼吸作用，是一种很好的气调包装填充气体。

3. 真空贮藏保鲜

真空贮藏技术能对粮食进行很好的保鲜，在粮食市场流通销售中已被广泛应用。真空包装能缩小占用空间，更好隔绝空气水分，达到更好的贮藏保鲜效果。由于抽真空的作用，降低了袋内氧气含量，从而抑制粮食的呼吸强度和霉菌繁殖，保持了粮食的品质。真空贮藏保鲜操作简易实用，是一种能很好地保证品质的贮粮方法。

4. 生物贮藏保鲜

生物保鲜贮藏是指利用壳聚糖、醇溶蛋白、海藻糖和天然植物提取物等的成膜性、抗菌性及功能性生物提取物，通过喷涂在粮食表面形成保护膜，隔绝粮食与空气接触，从而抑制粮食表面微生物生长和虫卵繁殖，达到贮藏保鲜的目的。有研究发现，生物保鲜剂贮藏大米，保质期可延长 1～1.5 倍。由于该方法应用成本较高，且大规模贮藏的技术条件还需改进，其利用开发潜力还有待研究。

5. 电离辐照保鲜

电离辐照保鲜是通过电子束或$^{60}Co-\gamma$射线产生辐照能，照射粮食使其微生物和害虫死亡或不育后，再进行储存。电离辐射能使微生物以及害虫体内蛋白质、核酸在分子水平发生变化，破坏了微生物、害虫新陈代谢，抑制其 RNA 和 DNA 的代谢，最终导致其活动能力、生理代谢、发育速度和繁殖能力下降。一定剂量的辐照能部分或完全杀灭粮食中有害微生物和害虫，对控制粮食中的有害微生物和害虫、延长贮藏期有较好的效果。但高剂量辐照往往会对粮食品质产生较大的负面影响，比如会使大米淀粉结晶度增大、脂质氧化程度增加、风味劣变等。因此，利用辐照贮藏保鲜粮食的实际应用并不多。

（四）粮食产品对包装的基本要求

在粮食的贮存、运输和销售过程中，包装对保护粮食的品质起到至关重要的作用。没有包装粮食就无法进行流通和销售。与其他产品相比，粮食的包装量大，难度高，不仅要防止粮食流通过程中的散漏，而且要防止自身的酸败陈化和有害微生物、害虫的影响。对粮食类产品包装的基本要求，首先是要能起到防潮防霉、防虫防鼠、延缓陈化、保质保鲜的作用，其次是要具有使用方便、美化产品形象从而促进销售的功能。

粮食在加工精制过程中，由于经脱壳和碾磨失去皮层保护，极易遭受到外界温度、湿度的影响而吸湿返潮，有利于微生物的繁衍和害虫滋生。粮食霉变与含水量、环境温度、湿度、气体成分显著相关。此外，粮食自身的呼吸代谢也可导致其发热、霉烂、变质。比如大米吸湿能力与加工精度、糠粉含量、碎米总量有关，尤其是糠粉，其吸湿能力强，且带有较多微生物，有真菌（霉菌、酵母菌、植物病原菌）、细菌、病毒等，而最易促成大米霉变的是真菌霉菌。霉变初期大米表面发灰，失去光泽呈灰粉状，米沟明显，霉变过程中表现为发热，散出轻微的霉味，霉菌自身及其代谢产生的色素，会加速大米的变色，使米粒原有的色泽消失，而呈现出黑、暗、黄等颜色。所以，对粮食类产品包装的要求首先要防霉、防虫害以及延缓陈化、保质保鲜，其次要容易使用操作、便于装卸运输、利于产品销售。

二、包装材料

（一）粮食包装材料选择

目前我国粮食储存运输包装仍以麻袋和编织袋为主，而市场流通销售包装主要使用塑料编织袋、复合塑料袋和部分使用纸袋、布袋及其他绿色环保材料。包装的结构功能相对单一，大多以袋装封口形式，造型简单，材料较难循环利用，不够经济环保。然而，我国高温潮湿的南方地区采用高阻隔包装材料聚偏二氯乙烯（PVDC）比聚乙烯（PE）/聚丙烯（PP）/聚酰胺（PA）复合袋包装材料真空包装更为合适。此外，留胚米、发芽糙米等这一类的粮食产品，由于其加工的特殊性导致极易变质的特点，需选用PVDC、新型纸袋以及强密封性的功能性保鲜包装袋，通过抽真空包装或充气体包装，隔绝氧气，达到保鲜和延长保质期的目的。

目前我国各类粮食市场流通销售包装方式见图3-87、图3-88、图3-89。

图3-87　大米市场流通销售包装方式

图3-88　面粉市场流通销售包装方式

图3-89　杂粮市场流通销售包装方式

1. 塑料编织袋

塑料编织袋是用塑料薄膜制成一定宽度的窄带，或使用热拉伸法得到延伸率小、强度高的塑料扁带编织而成。其特点是结实、耐磨性好、不易变形，但达不到防虫、防湿等要求，且不易回收，污染环境，危害人体健康。

2. 复合塑料袋

复合塑料袋主要是聚乙烯（PE）/聚丙烯（PP）/聚酰胺（PA）以及高阻隔性包装材料乙烯/乙烯醇共聚物（EVOH）、聚对苯二甲酸乙二醇酯（PET）、聚偏二氯乙烯（PVDC）等多种材料复合而成，普通复合塑料袋基本解决了粮食包装的防潮、防虫、保鲜等问题，但由于塑料制品会污染环境，仍有局限性。EVOH材料更有韧性、更耐用、不易被刺破，对气体、有机溶剂、油类等具有较好的阻隔性，同时低成本、低污染，与阻湿性良好的PA、PET、低密度聚乙烯（LDPE）等材料形成复合膜用于食品包装具有高性能、低成本及环境友好等优势，在粮食包装上有很好的应用前景。PVDC 包装材料氧气透过率低，能长久保持内装物的香味及防止不良气味的侵入，水汽透过率低，不会因吸水而损伤包装原型，但由于 PVDC 包装材料价格高于 PE/PP/PA 材料，市场应用很少。

3. 纸袋

环保型的多层纸质粮食包装袋，已开始用于国内以及出口面粉、淀粉产品包装，由于纸袋密封性比布袋好，可延长保质期。纸袋的优点是无毒无味、无污染，并且纸张打印功能好，可以根据用户需要，打印图形文字。用多层伸性纸做成的阀口纸袋，结实耐用，灌装面粉速度非常快，而且没有粉尘飞扬。牛皮纸作为一种新型纸袋包装，袋底常采用梯形排列粘贴，每层独立粘贴，更加牢固，具有较强的密封性和吸湿性，也受到许多粮食包装者的青睐。

（二）粮食包装容器的选择

食品包装材料主要是包装、盛放食品用的纸、塑料、竹、金属、搪瓷、陶瓷、橡胶、天然纤维、化学纤维、玻璃制品和接触食品的涂料，包装容器主要是用所需的包装材料制作成袋、盒、箱、筐、瓶、罐等。目前，在我国允许使用的食品包装材料主要有以下 6 种：①食品包装用纸；②塑料制品、复合薄膜、复合薄膜袋等；③金属容器；④玻璃容器；⑤天然、合成橡胶制品；⑥陶瓷、搪瓷容器。而适用于粮食类产品包装的容器主要是麻袋、塑料编织袋、复合塑料袋、多层纸质袋、纸板箱、金属铝盒等。

粮食包装容器及其结构设计如图 3-90 所示。

图3-90　粮食包装容器

三、包装形式

过去粮食对于人们来说只是饱腹的食品，包装仅仅停留在基本的储存功能，不讲究包装的形式和美观。我国使用传统的黄土色、灰褐色大麻袋包装（50～100kg/袋）粮食已有上百年历史。由于包装体积比较大，装卸运输途中和流通消费过程中容易破损，造成粮食散漏损失和品质变化。随着社会经济的不断发展和人们物质生活水平的不断提高，使得粮食包装功能与形式相结合，形成了不同的包装方式。

目前粮食包装主要有 3 种形式，分别为普通包装、真空包装和充气包装。具体采取何种包装方式，根据不同粮食品种贮藏运输和流通销售情况而定。如将粮食从低温区运输至高温、高湿区时，需要采用真空包装或充氮包装，避免使用普通编织袋包装。市面上的粮食包装袋大多是一次性包装方式，拆开后包装就完全损坏，不能重复利用，并且拆卸后，损坏的包装口不利于粮食继续储存，这种包装方式有待进一步改进。

（一）普通包装

这种包装形式是利用塑料编织袋等普通包装材料对粮食进行包装，采用缝线封口，包装过程中未施加任何保鲜技术。普通包装对粮食防霉、防虫及保鲜的效果相对较差，一般只能对粮食起到容纳的作用。但由于塑料编织袋抗拉强度较强，包装净含量在 5kg及以上的粮食大多采用此种包装形式，规格主要有 5kg、10kg、15kg、25kg、50kg 等，保质期一般只有 3～6 个月，常见于粮油批发市场、农贸市场及各类粮油经销店。

粮食塑料编织袋普通包装形式如图 3-91 所示。

图3-91　粮食普通编织袋包装形式

（二）真空包装

真空包装形式是市场上应用较为广泛的粮食贮藏保鲜包装技术，主要利用复合塑料袋等包装材料抽真空，具有良好的气密性，隔离空气流通，降低贮藏环境的 O_2 浓度，抑制粮食的呼吸强度和微生物的生长、虫害的滋生，防止粮食陈化、发霉、生虫等，更好地保持粮食品质，延长保质期。目前真空包装选用的真空度一般在 −0.09 ～ −0.07kPa，包装净含量在 5kg 及以下的优质粮食类产品大多采用此种包装形式，规格主要有 5kg、3kg、2.5kg、2.0kg、1.0kg、500g、350g、250g、200g、100g 等，包装抽真空后成砖块形式，使得粮食保质期更长，能在 10 ～ 12 个月以上，也便于贮运和方便携带，可有效减少粮食浪费，常见于各类超市、专卖店及粮油经销店。但是，采用真空包装形式，包装袋在流通过程中袋与袋之间摩擦、碰撞和跌落易造成破袋。由于真空度较大，包装材料紧紧包裹粮食，像大米、燕麦等杂粮类产品的两端较尖，包装袋也容易被米粒扎破，致使真空包装失效。

真空包装形式通常要使用抽真空包装机。真空包装机一般由计量机构、真空室、封口机构以及配套的输送设备组成。主要由套袋、称重、灌装、整形、抽真空、热封口、卸袋和输送等机构组成。目前，真空包装机主要有两面真空整形包装机和六面真空整形包装机。两面真空整形包装机大多用于 2.5 ～ 5kg 的粮食包装，六面真空整形包装机大多用于 0.5 ～ 2.5kg 的粮食包装。操作时将粮食包装袋置于真空室内，启动真空泵将真空室抽真空，包装袋内同时抽真空，然后在真空的状态下封口，最后通过两面整形或六面整形机构（主要是通过拍打和涡轮式空气振动器）使包装袋平整一致。

粮食真空包装形式如图 3-92 所示。

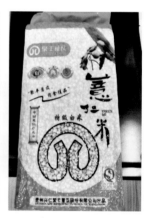

图3-92　粮食真空包装形式

（三）充气包装

充气包装形式是向复合塑料袋等包装材料中注入气体改变包装袋内气体成分从而降低储粮食环境中的 O_2 浓度，抑制粮食的呼吸强度和微生物的生长、虫害的滋生，防止粮食陈化、发霉、生虫等，保持粮食贮藏品质，延长保质期。常用的气体是无色、无味、无毒的 CO_2 和 N_2 等气体，化学性质稳定，包括充氮包装、充二氧化碳包装、混合气体包装等。主要用于包装净含量在 5kg 及以下的优质面粉、大米、五谷杂粮等产品包装，规格主要有 5kg、2.5kg、2.0kg、1.0kg、500g、250g、100g 等，保质期在 6 ～ 12 个月，也常见于各类超市、专卖店及粮油经销店。

粮食充气包装形式如图 3-93 所示。

图3-93 粮食充气包装形式

充气包装形式通常要使用充气包装机进行充气包装，可应用于 2.5 ～ 10kg 的粮食包装。充气包装机一般由计量机构、充气机构、封口机构以及配套的输送设备组成。通过计量机构将粮食装入包装袋中，将包装袋套在充气嘴上，由于通常充入的气体是 CO_2，其密度比空气大，充入气体后空气会被排出，空气排尽后经密封装置密封。由于充气（CO_2）包装时，粮食吸收 CO_2 后容易导致包装袋不规则，不方便储运，则需要采用两面整形或六面整形的抽真空包装。

四、标签（标识）

粮食包装不仅要考虑包装材料的选材和讲究包装方式，还应遵守国家对食品包装的包装标识相关规定。粮食包装上的标签应有信息包括产品名称、品牌名称及商标、原粮或配料、执行标准、等级规格、净含量、生产日期、保质期、生产者或经销商名称、厂商地址及联系电话、食品生产许可证号、营养成分表、条形码及二维码、质量认证标志、其他指导性（如储存条件、蒸煮方法）、宣传推广性（人文历史、地域文化、科普知识）等内容。

依据《预包装食品营养标签通则》，粮食包装袋上需要标注营养标签，它是显示粮食产品组成成分、食品特征、向消费者传递营养信息的主要手段，也是向公众进行营养教育、指导选择健康膳食的一个指南。从我国目前粮食包装的营养标签标识现状来看，广大粮食生产企业普遍按照《通则》要求对产品包装进行了营养标签的标识，整体标识率高，对"1+4"强制性标识成分（能量、蛋白质、脂肪、碳水化合物和钠）进行了标识，而可选择标识内容（维生素、硒、钙、铁、锌、镁等）则普遍缺少，标识中营养成分含量占营养素参考值（NRV）的百分数计算比较准确，有的已获得"三品一标"（即无公害农产品、绿色食品、有机食品、农产品地理标志）认证的粮食产品，在包装上也按照相关的要求使用了认证标志和标签标识，但规范性有待改进。

根据《农产品质量安全法》《农产品包装和标识管理办法》《无公害农产品标志管理办法》《绿色食品标志管理办法》《有机产品》国家标准和认证管理办法等法律法规要求，通过认证的无公害农产品、绿色食品、有机产品和地理标志登记保护农产品，应加施认证标志，包装标识上市，在包装上标识产品证书编号、认证机构和产品名称、产地、生产日期、企业名称。根据获证产品证书编号可追溯企业和产品，已成为产品市场准入的身份证和质量追溯的重要依据，也是引导消费者优先选择购买的关键标识。

绿色食品粮食包装标识标签的特殊要求如图3-94所示。

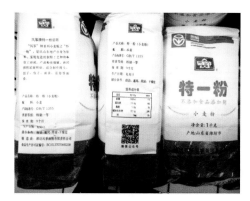

图3-94 绿色食品粮食包装及标识标签

五、包装与标识的综合应用

（一）粮食产品包装标识设计要素

包装标识作为企业树立品牌形象、传递产品信息的一种媒介，间接影响消费者的购买行为和产品销售。由于我国的包装设计发展较晚，从而导致粮食包装标识也如其他的包装设计一样，普遍存在一些问题，如包装形式雷同、结构单一、图形单调、同质化现象严重、整体包装缺乏设计感和创意、包装识别度不高、品牌意识和消费体验意识非常薄弱等，过度包装或欠包装情况也时而可见。

粮食产品包装设计，首先要考虑目标市场、产品定位及质量状况，进行等级化包装设计。通常可以分为三个等级。第一个是散装粮食类产品，通常在超市或农贸市场散装贩卖，不需要过多包装，主打物美价廉；第二个是普通家庭袋装的产品，质量较好，在超市、粮油专卖店及网络均可销售，对包装有一定的要求；第三个是质量最好的产品，主要是每年新粮中质量上乘的优质产品，可在专卖店、超市和网络销售，主要针对追求生活品质的高端消费群，这类产品包装对美观度要求较高。

粮食产品包装设计，还要与农耕文化紧密关联，选择有代表性且符合当代审美的文化元素，合理利用这些文化元素为企业树立良好的品牌形象，传达品牌理念。包装设计中要有强烈品牌意识，整体风格要统一，信息传达要准确，紧紧围绕品牌所传达理念而展开。通过包装中简洁的视觉语言，将产品信息准确传递给消费者。包装设计中可注入更多文化元素，突出地域特色，让消费者在包装中联想到产品原产地优质自然环境和多彩风土人情，在购买商品时与之产生情感共鸣，以此来达到提升品牌价值、增加文化感和地域特色的目的，引导消费者购买产品。

包装结构设计除考虑外在形式美，还应考虑储存、运输的便利性。如消费者通过互联网方式购买产品，销售者会通过快递方式邮寄给消费者；通过实体店方式购买产品，消费者会考虑产品重量的因素，采取在实体店中购买、打包，再让店家以快递方式邮寄回家。因此，包装设计要注意考虑物流运输问题。考虑到物流运输原因，包装结构宜采用相对规整的设计。物流纸盒和编织袋、塑料袋、布袋包装的多种尺寸，与纸盒包装大小应相匹配，满足消费者购买产品数量的多重需求，有效减少填充物使用、减少资源浪费。

包装视觉设计方面需要注意色彩搭配。色彩是抽象的视觉语言，不同颜色、不同色彩搭配，会给人不一样的心理感受。包装中的颜色选择要注意色彩是否符合产品的特性，能否引起消费者注意，能否正确有效传递企业及品牌的形象。比如，云南哈尼族喜好黑色和蓝色，具有浓郁的地域特色，但是，这两种颜色不适合作为红米品牌的标准主色，与红米产品特质不符。黑色会让消费者对红米产品产生容易煮糊的印象，不适合作为主色使用。若以红褐色作为品牌的标准主色，提取于红米粒，象征红米，能体现出红米杂粮品牌的质朴气质，合理使用辅助色增加色彩的丰富性，传递红米产品营养丰富的特点，就有利于树立"绿色健康，营养丰富"的品牌形象。再比如，杭州富义仓控股集团公司生产的"富义仓好米"系列产品，根据不同优质大米产地来源和产品特色，选择不同色彩搭配的包装设计（图3-95）。

包装视觉设计方面还要注意文字信息主次关系。包装文字信息由品牌名称、广告宣传语、产品文字、功能性说明文字组成。包装中的文字信息主次关系排序为品牌名称、广告宣传、产品文字、功能性说明文字。品牌名称的字体大小是所有文字信息中

图3-95 富义仓大米包装设计系列色彩搭配

最大的；广告宣传语的文字信息重要程度比品牌名称低，文字大小比品牌名称小，品牌字体比其他文字信息要大，产品名称文字信息重要程度比广告宣传语低，字体大小要比广告宣传语小一些，以此来拉开主次关系，并且构图位置鲜明，才能吸引顾客眼球；功能性说明文包括产品的保质期、营养成分、使用方法、净含量等，相对于前三者的重要性最低，且包含的内容十分多，字体大小要适宜，可根据文字信息的内容调整字体字号。

（二）国外粮食包装标识设计应用经典案例

国外有许多优秀的粮食包装标识设计作品。比如，日本山形县"森的家"大米包装设计（图3-96）和偶田屋米的包装设计，英国的 Mekong Red Dragon Rice 包装设计等。亚洲国家的文化与西方国家的文化相比，前者更为接近我国文化，其中日本的粮食包装设计属于亚洲领先水平。日本的粮食包装设计有以下三大特征：一是颜色丰富，色调非常和谐统一；二是造型简约，注重形式美法则，重视细节，造型简洁但并不简单；三是注重功能和环保。

大米是日本的主要粮食产品。日本的大米包装充满了"礼味"，从里到外裹了一层又一层。一般大米包装有两层，使用的材质是牛皮纸或塑料真空包装，礼盒装的一般是三层甚至三层以上，最外层加入了

白米

玄米

图3-96 日本山形县"森的家"大米包装

纸盒的包装。日本非常注重环保，在纸的材质上选择也非常讲究，会选择具有环保可循环使用的特种纸，有的四层甚至更多层，包装十分精致和讲究，非常有艺术感。日本山形县"森的家"一共有两种大米产品，分别是精白米和玄米（图3-96）。这两种大米的包装利用大米品种颜色的不同特点，通过选择不同包装颜色做产品区分。精白米包装用白色，玄米包装用牛皮纸自带的颜色，利用简洁的视觉语言使产品得以区分，并且使用环保包装材料，包装袋提手部分符合人体工程学，消费者使用更加舒适。

美国是由外来人口组成的发达国家，因此美国的粮食包装设计非常具有包容性和多元性。美国虽然是以面食为主的国家，但在美国的食品超市里，来自世界各国的粮食品种应有尽有。美国粮食基本都是零售为主，采用小包装，在各大超市、卖场、专营店等以散装形式陈列销售，美国人非常注重产品的营养价值，这一点在产品包装上体现尤其明显，每个包装上都会有详细的食用注意事项、营养成分、品种产地、重量、保质期等说明性文字，特别是食用注意事项和营养成分几乎占据了包装的主体，非常人性化。

（三）国内粮食包装标识设计应用经典案例

国内比较优秀的粮食包装标识设计有中国台湾的掌生谷粒、幸福八宝、米喜田、小团圆等品牌和内地的亚灿米、西江贡、富义仓、一枝秀、稻夫子及元阳红等诸多品牌。

1. 我国台湾的掌生谷粒和幸福八宝系列包装（图3-97、图3-98）

在我国台湾，包装创意无处不在。我国台湾的大米包装一般采用的是外包装和内包装两层设计，外包装采用的是木制盒子，内包装采用的是真空塑料袋，配上插画和文字说明，使包装具有有机和生态自然之感。我国台湾大米包装设计也非常人性化，既有大包装也有小包装之分，大包装适合储存、食用时间长一些，而小包装更适合现代人的消费理念，追求少而精、新鲜、高品质，适合小家庭购买。其中，经典的包装设计有"掌生谷粒""幸福八宝"等品牌系列。

我国台湾品牌掌生谷粒的系列包装，是农产品包装设计的成功范例。品牌理念提倡原生，其农产品系列中的大米包装设计，非常巧妙地将文化理念融入了包装中，不管是从包装材料的选择、文字的设计、吊牌设计、包装造型模仿农民头上的头巾、采用极具有中华文化特色的大花布等，这些设计都非常具有中国味，渗透出浓浓的乡土气息，表现出米的质朴，通过包装将农业文化又带回人们身边。通过牛皮纸、花布、纸藤等形式，用最简朴的方式包裹最淳朴的感情，形成了十分鲜明的品牌风格，使消费者对品牌产生深刻印象，产品说明文字方面采用书法字体，让消费者感受到品牌温度，包装赠品多是跟大米文化相关的碗、筷子，这些外在包装形式，都紧紧围绕品牌向消费者传递健康生活理念（图3-97）。

图3-97　掌生谷粒大米系列包装

"幸福的滋味"——幸福八宝系列包装设计（图3-98），选择了八个具有代表性的农业技术人员的卡通人物形象，用插画的形式表现出来，人物刻画非常生动质朴，每个人的脸上都流露出丰收的喜悦之情，画面轻松，感染着消费者，传递着幸福喜悦的情感，让消费者在购买产品的同时也能感受到幸福的滋味，非常符合品牌的理念和定位，值得国内粮食包装设计者思考和借鉴。

图3-98　幸福八宝系列包装

2. 广东亚灿米系列包装（图3-99）

罗定市丰智昌顺科技有限公司是一家集科研、生产、销售为一体的农业新技术推广高新技术企业，以科学技术进步为基础，以协调农业生态环境为目标，以优质、高效和食品安全为公司宗旨。2003年公司引进我国台湾碧全有限公司的"全天然健生栽培法"生产有机食品，在广东省罗定市建立示范基地，生产"亚灿米"有机产品，得到有关部门、机构及消费者的认可。2006年至今，先后通过中绿华夏有机食品认证中心（COFCC）、日本（JAS、JONA-IFOAM）、欧盟（ECOCERT SA）的有机认证，荣获"广东省名牌产品""中国农产品交易会金奖产品"，获准使用"罗定稻米"国家地理标志保护产品专用标志，被授予"首届广东好大米十大品牌""2016中国十大大米区域公用品牌核心企业"和"2018中国十大好吃米饭"等荣誉称号。亚灿米以其外观美、饭质有弹性、嚼劲爽、香味浓、余味甘、回味久等特点，深受消费者的青睐。公司利用先进互联网技术，通过监管码、有机认证产品防伪标志对单个最小包装产品赋予身份证，实现一件一码的可追溯，建立从田间到餐桌的全程产品质量安全控制体系，让消费者买得称心、吃得放心。一样米养百样人，"亚灿米"养出健康人，公司的有机理念已深入人心，渐渐改变着人们的种植习惯和消费观念，引领着当地有机产业的发展。

公司产品"亚灿米"取诚信做事的寓意。2002年，亚灿米创始人成立公司，在其家乡罗定市建立有机种植基地，将我国台湾农业生物科技应用于有机水稻种植，产品取名"亚灿米"。"亚灿"源于享誉东南亚的影视剧《网中人》剧中老实善良的小伙名字"阿灿"的谐音，"阿灿"的人品与企业的初心不谋而合，便取"亚灿米"作为产品名，形成了亚灿米的品牌铁律——诚实守信。"亚灿米"产品包装标识、结构设计及产品宣传页见图3-99，包括1kg礼品盒和真空胶袋、3kg手挽袋、6kg和12kg外包装箱。

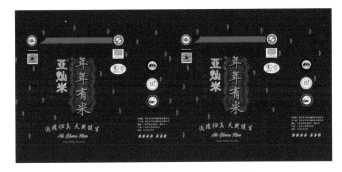

图3-99 亚灿米系列包装设计

3. 杭州富义仓系列包装（图3-100）

杭州富义仓米业有限公司是一家集优质稻米品种开发选育、订单种植、粮食收购和仓储、稻米加工及米制食品开发和生产、城市粮油配送为一体的现代农业产业化企业，是浙江省农业产业化龙头企业。公司总部位于杭州农副产品物流园区，旗下拥有杭州富义仓和哈尔滨富义仓2个加工生产基地和浙江富义仓粮食技术研究院，在黑龙

江建有 12 万亩优质水稻原料生产基地和粮食收购、储存、加工综合厂区，形成了一南一北两个生产加工基地，一个在主产区、一个在主销区，年加工能力 50 万 t，全年可为消费者提供 30 万 t 优质大米，已成为浙江省内产业化发展的规模企业之一，2015—2016 年连续获得中国大米加工行业 50 强，2016 年成为 G20 杭州峰会官方唯一指定大米杂粮供应商。从 2010 年开始，公司发展定位于"专注好米事业走产业化发展，着力打造从田头到餐桌的绿色食品生产线"，目前已建立了现代商超、传统经销、城市配送、网上销售等几大营销渠道。

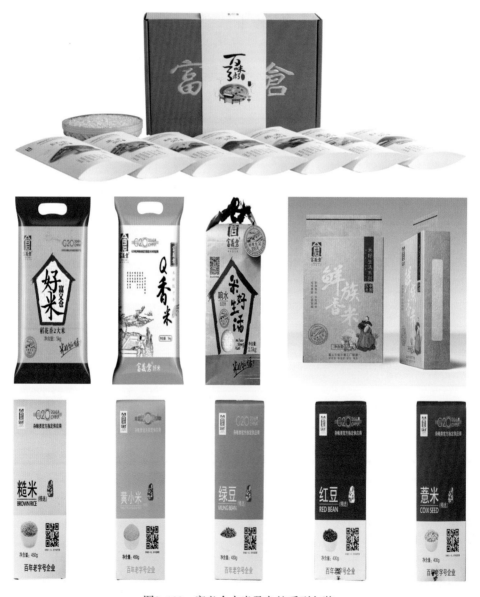

图3-100　富义仓大米及杂粮系列包装

富义仓品牌始创于清光绪六年（1880 年），创始人浙江巡抚谭钟麟取"以仁致富，和则义达"之意命名，富义仓在历史上是著名的京杭大运河"南粮北运"的起始站点，当年和北京的南新仓并称"天下粮仓"。富义仓代表着历史上辉煌的粮食仓储文化、漕运文化和运河文化。富义仓原址位于杭州市霞湾巷，2014 年 6 月富义仓遗址被列入世界遗产名录。公司"富义仓"商标已获浙江老字号、浙江省知名商号，产品被认定为浙江省名牌产品、浙江省名牌农产品，连续多年在有机食品博览会、省市农博会上获得金奖等荣誉。百年前富义仓作为"天下粮仓"，在历史上写下浓墨重彩的篇章，今日富义仓米业传承"以仁致富，和则义达"的创业精神，专注好米事业，续写百年老字号的新篇章，致力于为消费者提供优质安全农产品。"富义仓"大米及杂粮产品系列包装标识设计见图 3-100。

4. 吉林西江贡米系列包装（图 3-101）

吉林省西江米业有限公司前身是具有 50 年历史的国有企业，2014 年改制为集种子研发、水稻种植、稻米加工、仓储销售于一体的大型农产品生产企业，是省级农业产业化重点龙头企业。公司的定位在于发展生态农业，生产高端"西江"牌系列贡米，传承具有悠久历史的西江贡米文化，利用优越产地环境成就西江贡米卓越品质。公司拥有 3 万亩有机、绿色优质水稻种植基地和标准化生产加工厂区，配套先进的稻

图3-101　西江贡米系列包装

米加工设备，全封闭运行加工，年生产能力5万t，已通过中国绿色食品发展中心和中绿华夏有机食品认证中心的绿色食品、有机产品的认证。"西江"品牌自清朝时期就有使用，1958年周恩来总理亲自为贡米签发了奖状，获国家地理标志产品保护和"百年老字号""吉林省著名商标""吉林省名牌产品"等荣誉称号。公司"西江"牌贡米系列包装标识设计见图3-101，包括皇家御贡、鸭间稻西江香、西江圆等高档礼盒装、手提箱装和中档真空塑料袋包装。

5. 金华一枝秀品牌系列包装（图3-102）

金华一枝秀米业有限公司是浙江省农业科技企业和浙江省农业龙头企业，是国家粮食行业协会会员单位和浙江省金华市粮食行业协会理事单位，获得"首届进农村、进社区示范加工企业"称号，被金华市粮食局授予粮食应急代加工单位，承担国家应急加工任务和部分军粮供应。公司主要开展优质稻米生产基地的产品种植、收购、贮

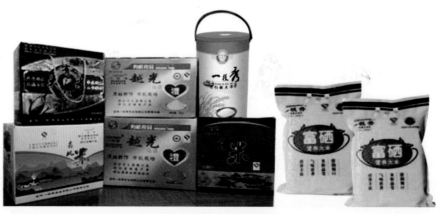

图3-102　一枝秀品牌大米系列包装

藏、加工、销售。公司在浙江省金华市婺城区建有无公害优质稻米生产基地，在吉林省通化市建有绿色、有机稻米生产基地，拥有 2 条先进的大米生产加工流水线，年加工稻谷 10 万 t。2002 年至今，生产基地、加工厂已连续多年通过中绿华夏有机食品认证中心（COFCC）和南京国环有机产品认证中心（OFDC）的有机认证，是浙江省首家通过国家有机稻米生产和加工认证的企业。公司本着以农为本，面向全国稻米生产、消费市场，真诚为粮农创收致富服务，为满足消费者需求提供优质、营养、健康、安全的农产品，开发了"一枝秀"牌有机大米、绿色大米、无公害大米、富硒营养大米、特色大米及年糕、粉干及杂粮等系列产品，有真空包装、简包装和礼盒装三大系列五十几个品种。公司生产的"一枝秀"牌系列大米荣获中国粮食行业协会"放心米""浙江名牌产品""浙江十大品牌大米""浙江名牌农产品"等荣誉称号，连续九届荣获浙江省农业博览会产品金奖，产品深受消费者喜爱。公司"一枝秀"牌大米产品的系列包装标识设计见图 3-102。

6. 云南元阳红米系列包装（图 3-103、图 3-104）

云南省元阳哈尼族彝族傣族自治县现拥有 17 万亩的梯田，充分展现了当地少数民族农耕文化的精华，场面蔚为壮观，2013 年被列入世界文化遗产。这些梯田主要种植红米。元阳县粮食购销有限公司依托独特的梯田文化优势，打造红米知名品牌。该公司旗下的红米品牌包括元阳红、梯田红米、土司红米。该公司是一家国有独资企业，主要从事哈尼梯田红米产业培植、红米产品加工、销售等，以及开展粮食贮藏、加工、运输服务等，是元阳县红米产业中的龙头企业，将企业、基地、农户紧密相连，为带动当地经济、增加农户收入做出了贡献。公司也具有一定的品牌意识、互联网意识。该公司旗下的元阳红品牌大米分别采取麻袋、亚膜包装、真空包装三种形式（图 3-103），梯田红米品牌则采取亚膜包装、真空包装两种形式（图 3-104）。

使用麻袋做包装（图 3-103A），用绳子封口，绳子处挂有吊牌。用麻袋进行包装的优点是方便运输，不足之处是麻袋通透性差，不能很好保护红米的鲜度。麻袋包装中吊牌外轮廓是红米粒的形状，上面虽有红米产品简介，但消费者较难详细获知有关信息。

充气式的元阳红米包装（图 3-103B），袋中注入二氧化碳或氮气，使氧气含量降低，有利保护红米的新鲜度。该包装整体画面分为上、中、下三部分，上半部分是有关红米产品的介绍，包括辅助性文字、图形等；中间采用透明亚膜材料向消费者展示产品实物；下半段是红米品牌的相关信息及重量等信息。这款包装的优点在于视觉信息设计条理清晰，不足之处是包装袋提手部分不符合人体工程学，消费者使用过程中会有不适感。

抽真空的元阳红米包装（图 3-103C），袋中氧气被完全抽干，最大限度地延长保质

A. 麻袋包装

B. 充气包装　　　　C. 真空包装

图3-103　元阳红米系列包装

期。该包装分为真空红米砖、封套、包装纸盒几个部分，封套与包装纸盒所用的视觉元素、构图形式基本一致。在包装纸盒画面下方有一圈哈尼族服饰图案，意图是增添包装的地域特色。在封套左右两边是有关红米的介绍及收货、付款的条形码，给买卖过程中的销售者和消费者提供了便利。该包装主画面信息包括标志、图形、背景图案等；图形部分由红米粒的外轮廓和元阳哈尼梯田自然风光组成；背景图案是单色线描梯田风景，采用红褐色，位于画面下方，以此拉开画面前后关系，让画面更有空间感。

亚膜材质的梯田红米包装（图3-104A），该包装材料有很好的防潮、保鲜功能。包装整体色调为褐色调，整体风格古朴自然。包装信息主次关系整体分为两大块，即正面和反面，正面的信息比后面的信息重要，正面传递的信息是主要信息，主要包括品牌名称、品牌标志、产品种类、产品卖点、生产公司等；背面信息包括红米的食用方法、保质期、储存方式、红米实物展示部分等。该包装的优点在于形成了清晰的视觉流程，让消费者可以快速阅读有效信息，不足之处是画面主要文字缺乏设计感，包装袋提手使用不够舒适。

A. 亚膜质充气包装

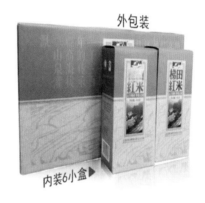

B. 真空包装

图3-104　梯田红米系列包装

抽真空的梯田红米包装（图3-104B），这种形式的包装有两款。第一款是由外包装纸盒和真空红米砖组成，外包装纸盒的主要字体经过简单设计，画面元素之间风格不够整体，视觉信息主次不够分明，民族元素应用简单。第二款分为外包装纸盒、内包装纸盒、真空红米砖三部分，该款包装是第一款包装的升级版，产品定位为"精装豪华版梯田红米"，两款包装设计之初做了等级划分，但包装形式、画面风格较接近，等级差异档次拉开不明显。第二款梯田红米包装相较第一款包装画面风格更加整体、视觉信息主次关系更加明确。

7. 稻夫子品牌系列包装（图 3-105）

稻夫子品牌"一米一世界"系列包装（图 3-105），有 3 种大米：泰国东北部乌汶府大米、贵州黔南大米、东北五常市大米。稻夫子品牌包装以一粒米的视角去描绘大米原产地，视觉信息传达准确简明，消费者通过包装第一时间就可知道大米原产地在哪里。包装通过将 3 种大米原产地特色放入一粒米的视野中，将大米原产地的风土人情传递给了消费者。消费者在食用大米过程中能感受到大米原产地的文化，使热腾腾的大米饭有了故事、有了人情味。其包装容器以 1980 年代学生上学常带的饭盒为设计原型，包装整体风格决定容器为白色，加上封套，形成完整外包装。在内包装部分，没有多余的设计，采用真空包装，有利于储存大米。稻夫子品牌包装整体有质感，能使消费者联想到大米的好品质，提升品牌价值。

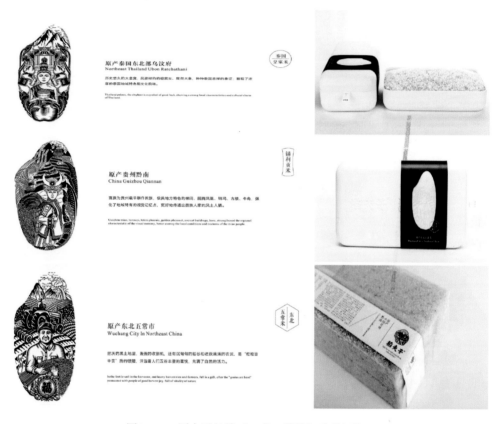

图3-105　稻夫子品牌"一米一世界"系列包装

六、问题、趋势与展望

我国的粮食包装经历了 20 世纪 70 年代的原始包装阶段，到 20 世纪 80—90 年代的改进包装阶段和进入 21 世纪的更新包装阶段，粮食包装正逐渐向着物流运输大包装与市场销售小包装相结合的方向持续改进，向防虫蛀、防霉变、保质、保鲜的方向发展，目前虽有较大改进（图 3-106），但也还存在一些问题。由于我国缺乏统一的各种粮食包装技术标准，无法规范粮食加工企业、经营者的粮食包装行为。如采用麻袋包装，无质量数量的标记，不能辨别粮食产品种类，不利于企业参与竞争，不方便消费者作出选择。面粉采用布袋包装，成本高，在多个厂家之间反复周转使用，引起商标使用的混乱，造成交叉污染。

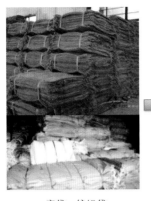

麻袋、编织袋
50kg、25kg、10kg

塑料编织袋、复合塑料袋
25kg、10kg、5kg、2.5kg*2

复合塑料袋、多层纸袋
10kg、5kg、2.5kg、2kg、1kg

图3-106 各类粮食包装材料

（一）原始包装阶段

长期以来，我国粮食大宗包装物主要采用麻袋。传统的黄土色、灰褐色麻袋包装粮食已经有 100 多年的历史。麻袋生产的原料主要是黄麻。黄麻是自然植物，纤维坚韧，无毒、无害，编织成麻袋后，牢固程度和耐破损度都比较高。并且麻袋的透气性能好，有利于粮食仓库和粮食贮放点的空间充分利用，而且成本低廉，可以反复多次使用。但麻袋在包装、运输、搬运中易破损泄漏，易受外界污染，防潮、防霉变、防虫、防鼠、保质、保鲜等包装性能差。

（二）改进包装阶段

随着我国社会经济的快速发展和科学技术的持续进步，麻袋作为粮食大宗包装物的地位受到了挑战。在此阶段粮食包装主要采用质轻、价格便宜、强度高、耐冲击性好，并且防滑性能较好的编织袋、复合塑料袋作为包装材料，这也是目前我国粮食包装的主要材料。但是这些材料防虫性、防湿性能差，易使粮食发霉，且由于其质脆容易破裂，不仅容易造成粮食浪费，包装使用周期短，不利于粮食的长期保存；同时塑料本身释放出的有害气体污染粮食，影响身体健康。在一些农村和小城镇，塑料编织袋几乎成了粮食包装的主要形式，而且形式单一，结构老套，开封后难以再封。即便是由高阻隔性包装材料乙烯/乙烯醇共聚物（EVOH）、聚偏二氯乙烯（PVDC）、聚对苯二甲酸乙二醇酯（PET）、聚乙烯（PE）与聚丙烯（PP）、聚酰胺（PA）等多层复合塑料袋，虽然基本解决了粮食包装上防霉、防虫、保质问题，但因其材料不易回收，对环境容易造成污染，阻碍了其进一步发展。

（三）更新包装阶段

为了减少粮食在贮存、运输、销售过程中的损耗，我国粮食包装经历了不断的更新换代，从麻袋、编织袋到复合塑料袋，"一袋比一袋强"。随着人们生活质量的提高和现代包装科技的发展，对粮食包装的要求也越来越高，加之人们对环保问题的日益关注，我国粮食包装也趋于绿色化。这也是粮食包装发展的现阶段，由单一的运输包装，向运输包装大包装与销售包装绿色小包装相结合的方向改进。

近年来发展起来的纸质包装因其无毒无味，符合国家粮食卫生标准而备受欢迎。目前一种新型多层纸质粮食包装袋，已开始在国内以及出口的面粉、淀粉产品包装上应用。多层纸袋是一种伸性袋，其强度比普通纸袋提高了 1.5 倍，纸张本身具有吸湿性，并且密封性比布袋好，相同条件下保质期可以延长 2～3 个月。

目前开发应用的许多功能性粮食保鲜膜，除了改善透气、透湿性外，还具有防霉、防结露等作用。随着人们生活观念不断转变，对包装材料要求健康、环保，对包装形式要求方便、易保管。因此，纸质和小包装将是未来粮食包装的发展趋势。绿色、环保型、可食多功能型保鲜材料已成为食品包装的研究方向，将纳米粒子作为填充物应用于天然高分子包装材料也是近年来的新兴研究领域，将会推动粮食包装的未来发展。

（四）粮食包装展望

选择不同包装材料、采取不同包装方式，对粮食储存运输和流通销售的影响均存在较大差别。从低温地区往高温、高湿地区运输粮食时宜采用真空包装或充氮包装的方式，宜选择高阻隔袋真空包装，防止粮食在储运过程中吸湿、霉变，降低食用品质和商品性。

我国以前粮食包装通常采用麻袋、布袋和塑料编织袋等大包装为主，每袋包装质量 10kg、25kg 或 50kg 及以上。随着人们对追求营养、方便、卫生、快捷的生活方式需求转变，粮食销售包装则主要采用塑料编织袋、复合塑料袋、多层纸袋等灵活多样的小包装形式。事实上，发达国家粮食销售也大多是以小包装为主，如日本商品粮82% 为小包装，德国商品粮 79% 为小包装，美国商品粮 75% 为小包装。随着现代家庭小型化和人口老龄化等趋势的发展，现在许多人已不再像过去那样购买 25kg、50kg的粮食，而是随买随吃，每次只购买 5kg、10kg 的粮食。当前，大米、面粉、杂粮等产品的销售已从粮油店转向各类超市和零售店出售。因此，随着当今的家庭人口减少和人们审美观点的转变，粮食包装形式要实行大改小，重改轻，向贮存保鲜效果好并兼顾多样化、透明化、美观化方向发展，同时还要兼顾绿色环保的理念，能够做到废旧包装的二次利用。

第六节 食用菌包装标识要求与应用示例

一、食用菌产品对包装的基本要求

2017 年中央一号文件将食用菌产业列为提倡大力发展的"优势特色产业"之一。食用菌也成为近年来我国农业经济中发展最快的产业之一。食用菌产业在自然循环、经济循环、药食同源等保健功能方面发挥了越来越重要的作用。据中国食用菌协会的统计，2016 年全国食用菌总产量为 3 596.66 万 t，产值为 2 741.78 亿元。

食用菌是一种药、食两用的食用真菌。因其风味独特、营养丰富而备受消费者青睐。近几年，随着市场需求量的不断增加，工厂化栽培技术的应用和推广，食用菌的产量大幅增加。然而，食用菌采收后，生命活动仍在继续，呼吸作用成为其生命的主要特征。

冷链保鲜可以较好地保持食用菌鲜品的品质，但由于冷链基础设施尚不完善，投资成本高，目前除了极少数食用菌可以在采后贮、运、销过程中实现冷链外，绝大部分是在常温下进行，尤其是在运输和销售环节。

在常温环境下，食用菌本身的含水率在很大程度上影响了其保鲜效果。在特定的温度、湿度条件下，如果含水率过高，微生物（如霉菌和细菌）就容易滋生，而且其自身的酶活性较强，生理代谢旺盛，本身没有保护作用的组织结构，采收后营养被切断，菇体只得消耗自身的碳水化合物、脂肪、蛋白质并产生能量，导致其在常温条件下不耐贮藏，这会引起菇体风味变劣，营养价值降低，并产生异臭，不仅改变了成分，而且导致变色、枯萎、霉变、鲜度下降、开伞、菌褶褐变等，直接影响到商品质量，从而丧失其营养价值和商品价值；而如果含水率过低，其感官品质将首先受到影响，进而还会造成其营养物质的消耗。空气中氧气和二氧化碳含量的多少，亦对鲜菇保鲜效果有明显影响。因为氧气促进鲜菇的呼吸代谢活动，而二氧化碳却抑制鲜菇的生理活动。大多数菌类，在保鲜贮藏期内，空气中二氧化碳含量越高，保鲜效果越好。但二氧化碳浓度过高，会对菇体产生危害。因此，如何对食用菌进行包装，选用什么材料和方法进行包装，都会对食用菌保鲜期产生一定的影响。

食用菌产品经常被二次加工成干品进行销售。食用菌干品在包装、流通过程中，都会受到潮气的影响。水分太多容易滋生细菌，而水分太少，在包装、运输过程中容易破碎，造成食用菌产品等级的下降，如何控制好食用菌水分就显得相当必要。包装解决了这一问题，使用适当的包装材料可以使食用菌干品在流通过程中避免破碎，免干受潮，有效地保护食用菌产品。

总体上讲，食用菌的包装应满足以下基本要求：

* 减少产品的呼吸消耗和水分蒸散，防止食用菌过度失水；
* 减少因相互摩擦、碰撞、挤压而造成的机械损伤；
* 减免微生物侵染并减少病害的传染蔓延；
* 保持食用菌品质。

总之，包装的目的主要是保护食用菌免受化学物理和微生物因素的影响，保证营养成分和固有的质量不变，从而保障了消费者的身体健康。

二、包装材料

目前市场上常见的食用菌包装材料主要包括：塑料和纸制品，还有个别产品会用到纺织品、木材等。

（一）塑料

塑料包装是目前在食用菌包装材料里应用最为广泛的材料，主要包括聚丙烯（PP）、聚乙烯（PE）、低压高密度聚乙烯（HDPE）和高压低密度聚乙烯（LDPE）等。

1. 聚丙烯（PP）

聚丙烯是由丙烯聚合而制得的一种热塑性树脂。它的特点是耐热、耐腐蚀，其制品可用蒸汽消毒。另外由于其密度小，是最轻的通用塑料。它的缺点是耐低温冲击性差，较易老化，但可分别通过改性予以克服。

2. 聚乙烯（PE）

聚乙烯是乙烯经聚合制得的一种热塑性树脂。在工业上，也包括乙烯与少量 α-烯烃的共聚物。聚乙烯无臭，无毒，手感似蜡，具有优良的耐低温性能（最低使用温度可达 -100℃），化学稳定性好，能耐大多数酸碱的侵蚀（不耐具有氧化性质的酸）。常温下不溶于一般溶剂，吸水性小，电绝缘性优良。

石建春、冯翠萍等曾将聚丙烯（PP）和聚乙烯（PE）和拷贝纸作为实验材料考察这三种包装对食用菌感官和失重率的影响，以杏鲍菇鲜品为例。

从杏鲍菇的色泽、气味、质地、萎蔫程度 4 个方面进行感官评定，满分为 20 分。具体评定标准列于表 3-9。

表3-9　杏鲍菇感官评定标准

色泽	气味	质地	萎蔫程度	分值
菌体呈乳白色，无褐变	具有杏鲍菇特有的香味，无异味	硬度大，弹性好	无萎蔫	5
菌体呈浅白色，无褐变	鲍菇特有的香味较淡，无异味	硬度较大，弹性较好	略有萎蔫	4
菌体近白色，有轻微褐变	鲍菇特有的香味较淡，略有异味	硬度一般，弹性较差	萎蔫明显	3
菌体呈浅黄色，明显褐变	无固有香味，异味明显	硬度较差，开始变软，弹性较弱	萎蔫较严重	2
菌体呈黄色，严重褐变	无固有香味，异味强烈	松软，无弹性	严重萎蔫	1

从图3-107可以看出，对不同包装材料处理的杏鲍菇货架期的感官品质均呈下降趋势，其中PP和PE处理下降相对缓慢，拷贝纸处理下降较快，没有经过任何包装的对照组（CK）下降最快。贮藏前3天，PP和PE处理杏鲍菇的感官品质变化较小，到第3天时除了色泽略有变化外，风味和质地均保持良好，无褐变，无异味，无萎蔫；而拷贝纸包装和对照组杏鲍菇均因失水出现不同程度的萎蔫现象，同时出现一定程度的褐变现象。3天后，PP和PE处理杏鲍菇的感官品质下降较快，但仍优于拷贝纸包装和对照组；方差分析表明，贮藏第3天时，PP和PE处理杏鲍菇的感官品质极显著（$P<0.01$）高于拷贝纸处理组和对照组，贮藏到第6天时，PP和PE处理的感官品质仍显著（$P<0.05$）高于对照组，而拷贝纸处理和对照组之间差异不显著。由此可见，PP和PE包装处理可以有效地延缓食用菌感官品质的下降。

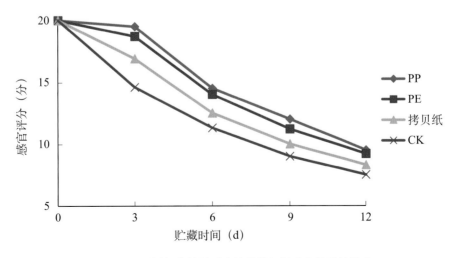

图3-107　不同包装材料对杏鲍菇货架期感官品质的影响

以杏鲍菇为例，由图 3-108 可知，不同包装材料处理杏鲍菇货架期的失重率均呈上升趋势，对照组上升最快，拷贝纸处理次之，PP 和 PE 处理上升缓慢。贮藏第 6 天时，PP 和 PE 处理的杏鲍菇失重率仅分别为 4.56% 和 5.66%，而拷贝纸处理和对照组的失重率已分别达到 43.34% 和 61.22%。方差分析显示，贮藏第 3 天时，不同包装处理杏鲍菇的失重率均极显著（$P<0.01$）低于对照组，PP 和 PE 处理组极显著（$P<0.01$）低于拷贝纸包装处理，PP 和 PE 二者之间差异不显著。可见，采用 PP、PE 及拷贝纸包装均可减少货架期杏鲍菇水分的散失，但 PP、PE 包装的效果明显优于拷贝纸包装。

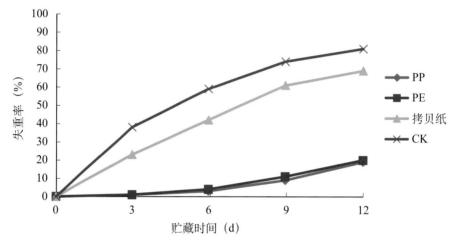

图3-108　不同包装材料对杏鲍菇货架期失重率的影响

由此可见，包装处理可以在一定程度上延缓食用菌营养物质的损失，抑制食用菌的成熟与衰老，提高保鲜效果，延长其货架期。聚丙烯由丙烯单体加聚合成，是一种很轻的塑料，比 PE 耐热性高。聚丙烯作为食品包装，其阻透性能优于 PE，但因分子无极性，阻气性能仍较差。PP 膜的化学稳定性良好，在一定温度范围内对酸、碱、盐及许多溶剂具稳定性。它的机械性能好，具有的强度、硬度、刚性多高于 PE，尤其具有良好的抗弯强度。光泽度好，透明度高，但抗紫外光和氧的老化性能较差，需添加稳定剂。它的成形加工性能良好，但制品收缩率较大。热封性能比 PE 差，但比其他塑料好，其卫生安全性也高于 PE。

采用 0.030mm PP 袋或 0.025mm PE 袋密闭包装均可有效减少货架期食用菌水分的散失，抑制其细胞膜渗透率的上升，较好地保持了食用菌的感官品质，有效地延长了食用菌的货架期。拷贝纸包装对货架期食用菌具有一定的保鲜效果，但相对 PP 袋和 PE 袋包装效果较差。20 ～ 25℃的条件下采用 0.030mm PP 袋或者 0.025mm PE 袋密闭包装可使食用菌在短期内保持较好的品质，相对没有任何包装的食用菌，PP 或 PE 袋包装可使食用菌的货架期延长 2 ～ 3 天，但随着货架期的继续延长，食用菌的贮藏品质仍会逐渐变差，甚至失去商品价值。

3. 高压低密度聚乙烯（LDPE）

高压低密度聚乙烯（LDPE）采用高压、较低温度的聚合方法，大分子支链较多，结晶度低，约在 60% ～ 80%。其机械强度、阻气性、耐溶剂性比 HDPE 差，但其柔软性、断裂伸长率、耐冲击性、透明度则比 HDPE 好，价格也低。LDPE 主要用来制成对薄膜强度要求不高的食品包装，如有防潮要求的各种干制品包装，如食用菌干品等。食用菌在没有膜包装的时候，在 6 天内，总酸和氨基酸含量都是持续上升的；在 LDPE（高压低密度聚乙烯）膜包装时，总酸含量的变化和氨基酸含量的变化相对来说都比较小，产酸的速度也比较慢，说明 LDPE 膜对防止香菇产酸变质是比较有利的。

在 LDPE 膜包装中，氧气和二氧化碳含量的变化都不是很大，尤其是贮藏初期，氧气含量基本没发生什么改变，贮藏末期氧气含量开始有较大幅度降低，说明其利用氧气的速度开始加快，原料开始变质。食用菌包装中的二氧化碳含量都在稳步上升，但是上升幅度不大，最多不超过 2%。这与材料的透气性能良好有关，而且数值波动不大，说明受环境湿度变化的影响不大，表现了 LDEP 材料良好的防潮性。

付海姣、周晓庆等认为利用 LDPE 膜包装也可以保持香菇的色泽。随着贮藏时间的增加，水分含量高的食用菌感官品质下降加快，水分含量较低的食用菌的感官品质下降得较慢，说明 LDPE 膜包装有利于较低水分含量的食用菌的贮藏。同时，LDPE 膜对维持各种含水率食用菌的氨基酸含量也是有利的。但是 HDPE 膜在维持各种含水率食用菌的总酸和氨基酸含量方面，都不如 LDPE 膜效果好。

4. 低压高密度聚乙烯（HDPE）

低压高密度聚乙烯（HDPE）采用低压催化聚合方法。大分子呈直链线型结构，分子结合紧密，结晶度高达 85% ～ 95%，故密度较高，使 HDPE 的强度、阻气性提高，熔点升高、耐热性改善。但其柔韧性、透明性、热成型加工性等性能相应有所下降。HDPE 塑料可制成瓶罐容器，也大量用其薄膜制品用作食品包装，或制成超微薄膜包装食品。与 LDPE 相比，在保证包装强度的条件下，可以节省包装用材量。HDPE 膜包装中氧气和二氧化碳含量的变化都要大于 LDPE 膜中相应气体成分的变化，而且都呈先下降后上升的趋势。在贮藏初期，食用菌呼吸作用很强，吸入大量氧气，呼出二氧化碳，所以在储藏初期，各气体含量呈现比较大的波动；随后在冷藏条件下贮藏食用菌，食用菌的呼吸作用和生理活性都受到了抑制，所以呼吸作用减缓；随着食用菌贮藏期的延长，食用菌逐渐腐败变质，加之材料部分透气，所以气体成分有接近大气气体成分的趋势，所以贮藏后期氧气成分逐渐升高，二氧化碳含量逐渐降低。而水分含量低的食用菌包装中氧气和二氧化碳含量变化都较小，说明其呼吸作用比水分含量高的食用菌弱，进一步说明干燥失水过程降低了其活性。随着贮藏时间的增加，食用

菌的感官品质下降加快，与 LDPE 膜包装相同，在贮藏末期水分含量较低的食用菌的感官品质下降得较慢，说明 LDPE 膜包装也同样有利于较低水分含量的食用菌的贮藏。

（二）纸材料

纸材料透气吸水的特性使其常用于食用菌塑料周转箱中。建议将需要运输的食用菌装入塑料箱周转箱中，周转箱底部和四周垫两层木浆材质的白纸，白纸厚度为 0.08～0.10mm，克重为 60～80g/m²，纸张大小根据周转箱进行定制或裁剪。所有食用菌要求菌伞朝外，菌柄朝里放置，使得菌伞都是紧靠周转箱边缘，菌柄位于周转箱中部，堆积高度不能超出周转箱的上部边缘，装箱过程中，每 7～10cm 的厚度盖两层白纸，用白纸将上下层的食用菌分开，装箱结束后，最上层同样盖两张白纸，使得食用菌不暴露在空气中。在食用菌装箱后，白纸可以吸收掉食用菌呼吸出的水分，使得食用菌菇体不会接触到明水，在储运后期，潮湿的白纸还可以具有保湿保水的作用，所以，铺垫白纸不仅起缓冲作用，还具有吸水保水效果，此处理虽然简单，但是决定食用菌储运过程中保鲜效果的重要步骤，在采后贮藏保鲜过程中具有非常好的效果。

（三）其他材料

食用菌包装材料也逐渐朝着新颖、美观的方向发展，出现了以纺织品和木材为主的包装形式，虽然在抗压性、透气性、包装成本等方面存在一些不足，但增强了食用菌包装的美观性和多样性。

三、包装形式

根据食用菌的流通环节，包装形式可分为运输包装和销售包装，而食用菌干品和鲜品在运输、销售过程中对包装形式也有不同的要求。干品的包装形式应具有密封、防潮、牢固等作用；食用菌鲜品的包装形式则与干品不同。食用菌采摘后虽然离开了维系其生长的培养基，但仍与采摘前一样是活的有机体，为了保证鲜菇质量，包装材料及容器除了必须卫生无毒性外，还应隔热不透气，不受外界环境影响，在一定时间内有较强的保冷性能，并能使鲜菇处于良好的低温状态。

（一）食用菌运输包装形式

1. 塑料箱

以工厂化模式栽培的鲜食食用菌为例，包装容器常采用泡沫塑料压铸成有盖的长方形塑料箱，箱盖四周有隆起脊，与箱口保持紧密的吻合。装菇毕，箱口四周再用透明胶纸带密封。鲜菇包装应该在清洁卫生、无异味、低温房间进行。包装用具及工作人员制服，要保持清洁卫生，定期消毒。非工作人员不得任意出入包装场所，以防库温上升和传带病菌杂物污染产品。

2. 塑料筐

塑料筐也是食用菌运输中常见的包装形式，采用塑料筐对食用菌鲜品进行包装时，重量以每筐 10～15kg 为宜。

3. 塑料袋

塑料袋是食用菌干品运输中常用的一种包装形式，当食用菌干品在运输中，如果无包装，直接暴露于空气中，那么经过一定时间后，食用菌的水分含量将趋向于环境温度、湿度；在使用包装袋包装后进行运输，如果包装材料的透湿系数较小，能够有效阻隔袋外的潮湿气体，这样经过一段时间后，袋内的湿度基本保持原有湿度状态。

以银耳干品为例：外界环境为温度 35℃、湿度 95% 时，袋内温度经过 30h 基本接近环境温度；袋内湿度在不考虑加干燥剂的情况下，经过 30h，袋内湿度略微升高，说明袋内湿度除了受银耳干品释放出来少量水汽外，基本不受环境湿度的影响。

4. 辅助形式

无论何种包装形式，干燥剂对食用菌干品水分含量的影响不言而喻，干燥剂放置越多，吸潮能力越强，但是，就食用菌本身而言，放置太少起不到干燥作用，太多则会使产品变脆，在流通领域，容易压碎，影响食用菌的等级和食用。干燥剂主要从其品种、用量来考证。不同的干燥剂或同一种干燥剂不同厂家生产的干燥剂，其吸湿能力不同，放置量的多少，其吸湿能力也不同。

例如：外界环境为温度 35℃、湿度 95% 时，对于食用菌净含量为 100g 采用双层包装情况，分别在不加干燥剂、添加 30g 干燥剂、添加 50g 干燥剂的状态下，经过 30h 后，温度接近环境温度，湿度依次下降：62%→54%→46%。

（二）食用菌销售包装形式

1. 塑料托盘

销售包装的食用菌鲜品通常采用泡沫塑料袋制成小托盘，每盘装入鲜菇 100g 或 200g，整齐排列，有的菌褶朝外，外面包裹上一层保鲜薄膜密封不透气或抽成真空，然后装入纸箱，箱口加黏胶纸带。包装完毕，做好标记，待运。

2. 真空包装袋

真空袋也称减压包装，是将包装容器内的空气全部抽出密封，维持袋内处于高度减压状态，空气稀少相当于低氧效果，使微生物没有生存条件，以达到食用菌新鲜，无病腐发生的目的。食用菌鲜品中金针菇常采用真空包装袋进行包装，顾客拿取方便。

3. 塑料袋

塑料袋包装主要应用于食用菌干品的销售环节，该包装形式密封、防潮、防虫，同时利于顾客观察商品外观，因此成为食用菌干品销售环节的主流包装形式。当食用菌烘干包装后，仍然含有一定水分，通常在15%左右，取不同重量的食用菌进行包装，这时环境温度、湿度保持一个相对稳定数值，采用不加干燥剂的包装，采用水蒸气透过量较小的包装材料，经过一段时间，发现外界湿度几乎不对袋内湿度产生影响，对袋内产生影响的主要是食用菌本身的净含量（即净重），净含量多的，释放的水汽多，从而袋内湿度就会升高。

例如，对"净含量100g""净含量200g"的银耳进行试验：经过30h、41h袋内温度接近环境温度，袋内湿度略微升高，这升高的原因就是银耳中的水分释放的因素。

包装环境湿度越大，包装时，空气中的水汽越大，食用菌干品在包装过程中就越容易受回潮；使用的包装材料材质不同、厚度不同，也会影响食用菌干品在贮藏过程中水汽的吸收。如采用单层食品包装袋与多层共挤膜、袋，他们的透湿系数不同，单位时间内进入袋内的水分也会有所差异，经过一段时间后，就会影响食用菌干品的水分含量。

4. 布袋

布袋包装在食用菌销售过程中应用的较少，常为抽绳形式的麻布袋或是棉布袋，多作为优质木耳或花菇的包装。

四、标签（标识）

预包装食品是指预先定量包装或者制作在包装材料和容器中的食品。在《中华人民共和国食品卫生法》第二十一条、第四十六条等都对相关食品包装标识监督管理提出了法律依据。在《预包装食品标签通则》中也提出了相关要求，即直接向消费者提供的预包装食品标签应包括食品名称、配料表、净含量和规格、生产者和（或）经销者的名称、地址和联系方式、生产日期和保质期、贮存条件、食品生产许可证编号、产品标准代号及其他需要标示的内容（如辐照食品、转基因食品、营养标签、质量等级）。由于食用菌产品有其特殊性，因此在以下几个方面应加以重视。

（一）标签内容完整，提供信息全面

典型案例分析：以生鲜双孢蘑菇为例，美国迈阿密 Sedano 超市内销售的一款生鲜双孢蘑菇，由于生鲜食用菌本身会代谢二氧化碳，所以包装膜上有多个透气孔用于食用菌保鲜，标签内容涵盖信息有商品名称、生产企业名称、商标及网址、食谱扫描二维码、保存提示、是否需清洗的提示、商品条形码、净含量、生产日期、美国农业部营养建议和咨询平台等（图3-109）。标签内容完整而详尽，使消费者可以从标签上迅速获知与产品相关的信息，以及产品如何存放和食用。包装膜上的透气孔可以增加产品保鲜期。

图3-109　包装标签案例

（二）规范使用产品名称

食用菌品种众多，仅常见食用菌就有 50 多种，因此应该准确标注产品名称。标准要求食品名称要反映出产品的真实属性。如中文名为"平菇"的食用菌，调查发现有些名标注为"侧耳""秀珍菇"或"小平菇"；再比如名为"双孢蘑菇"的一款食用菌产品，发现市售商品名标有的注为"白蘑菇""蘑菇"或"洋蘑菇"。而市场上裸（散）装食用菌产品大多出现无名称标示等情况。关于食用菌名称，建议如下：要在包装的显著位置，醒目标识出食用菌的名称；裸（散）装情况下，可采取附加标签、标识牌、标识带、说明书等形式，醒目标识出食用菌的名称；要使用食用菌的规范名称或公认名称，不可以使用会引起购买者、消费者误解和混淆的常用名称甚至是俗名；进口食用菌应标明对应的中文名称。

（三）规范标注净含量和规格

对于有预包装的食用菌产品，目前存在以下问题：净含量和食品名称标示在食品包装的不同展示版面上，相关信息的印刷位置呈现随意、分散状态；其次是净含量字符高度达不到要求；还有计量单位使用错误，没有使用法定计量单位；还存在当产品内装有多个单件食用菌预包装食品时，外包装上只标示净含量，没有标示规格。目前市场上很多食用菌产品被制作成罐头或可直接食用的包装食品，发现主要问题集中在按要求固液两项且以固相为主要配料时，没有标示出食用菌固形物（沥干物）的含量。

例如，净含量·500g，按照标准要求它的字符高度要≥4mm，所以在标示时要注意字符高度是否符合标准要求。当净含量≥1 000g时，计量单位应使用kg，有些商品错误的标示为：1 500g，而规范标示应为净含量：1.5kg，还发现有些企业质量单位标示为"公斤"。产品内含多件预包装食用菌食品时，不仅要标示净含量如：350g，同时还应该标示规格如：7件。对于食用菌罐头食品等，不仅要标示总的净含量，还要标示其中食用菌的含量，如固形物：不低于75%。

（四）标明采用标准

目前我国标准分为4个级别。由高到低分别是国家标准、行业标准、地方标准和企业标准。目前一些企业还存在着重产品、轻标签的观念，常见有以下情况发生：标准有更新的新版本，而包装上标识的是作废标准（过期标准），或产品标准号标识错误，如将推荐性标准标识为强制性标准（例如标准号为GB/T 16986—2009，在包装上却标识为GB 16986—2009），或只标识卫生标准。因此建议相关生产企业应密切关注标准的更新动态，及时更改、更新；在更新了企业标准时，应及时更正包装上产品标准的标识；值得注意的是有害物质限量标准或卫生标准只是产品标准中的一部分内容，标注的同时也一定要标识其使用的产品标准。

（五）正确使用认证标识

企业食品生产许可"Qiyeshipin Shengchanxuke"的缩写用"QS"表示，在包装上标注的同时要一起标注"生产许可"中文字样。从2010年6月1日起，新获得食品生产许可的企业应使用企业食品生产许可证标志。目前还存在一些食用菌生产企业产品QS标志及编号标识错误，如"QS"标志形状、颜色不正确，还有企业没有更新成"生产许可"字样，仍在使用"质量安全"。

获得无公害农产品、绿色食品、有机农产品等质量标志使用权的食用菌，可以在认证有效期内，在其生产的该种食用菌产品上标注认证标志和发证机构的名称和标志，超期不得使用。如企业执行的产品标准已经明确规定了食用菌质量（品质）等级的产品，应标示质量（品质）等级。中华人民共和国商标法（2013修正）中第十四条规定"生产、经营者不得将'驰名商标'字样用于商品、商品包装或者容器上"。因此食用菌包装上不得出现"驰名商标"的字样。

（六）正确标注生产日期和贮存条件

日期和贮存条件反映了食用菌产品的新鲜程度，是食用菌包装标识上极其重要的内容，目前市售的食用菌产品基本上都会含有日期信息，但有些标识不规范，有些标识不显著，有些标识模糊、不易辨认。对于日期的标注必须真实，不能弄虚作假，在新《食品安全法》第 124 条中，对虚假标注日期的行为规定有严厉的处罚。调查中发现对于日期和贮存条件，主要问题集中在混淆"采收日期""包装日期"和"生产日期"，还有出现仅标识保质期而没有提示贮存条件的情况发生，因为只有规定了贮存条件才会有相应的保质期，所以保质期和贮存条件应该同时标明。还有些产品年号只标示 2 位数而不是 4 位数，或日期标示采用"见包装物某部位"的方式，按标准要求应标示在包装的具体部位。因此对于日期的形式建议做如下要求：日期的标注不得另外加贴、补印或篡改；日期的表示方法应符合国家标准规定或者采用"年、月、日"的顺序标示日期，如 2018-05-10（用连字符分开），年号应用 4 位数表示；食用菌外包装箱上应标识食用菌的安全食用期，并且标识位置应与包装日期在同一版面上；对于同一箱内混装有不同种类食用菌，应按照其中最短的食用菌品种的安全食用期进行标识。安全食用期的标识为：安全食用期 ×× 日（天）；采收日期的标注顺序一般为年、月、日，不易确定的采收日期也可以标至年、月。

（七）准确标注生产者信息

目前调查发现市售带包装食用菌产品，其包装上基本都按标准要求有生产者或经销者的信息标识，包括经销者的名称、地址和联系方式等信息，目前出现的常见问题是产地的标示不准确。产地标识应真实，应按照行政区划的地域概念进行标注，且产地的标注区域详细度不应大于县级辖区。如产地可以标示为"×× 市 ×× 县 ×× 基地"或者"×× 市 ×× 县 ×× 乡（镇）"等。值得注意的是名称、地址和联系方式要和企业注册及营业执照上信息完全相同。如果出现下列情况，可以按下列规定标识：

● 依法独立承担法律责任的集团公司或者子公司，对其生产的食用菌产品，应当各自标注其名称和地址；

● 依法不能独立承担法律责任的集团公司的分公司或者集团公司的生产基地，对其生产的食用菌产品，可以标注集团公司和分公司或者生产基地的名称、地址，也可以仅标注集团公司的名称和地址；

● 按照合同或者协议的约定相互协作，但又各自独立经营的企业，在其生产的食用菌产品上，应当各自标注其生产者名称和地址。

（八）其他

新鲜食用菌如果经过辐照加工，应在包装上贴上卫生部制定的辐照食品标识，并标注中文说明。若食用菌中含有致敏成分、毒性物质或其他由于食用不当可能危及健康和安全的物质，也应当有警示标志或者中文警示说明。

食用菌包装标识上不应出现容易误导消费者购买的表述，如："比较好的""很好的""干净的""健康的""有营养的"等。

当在食用菌包装标识中使用"纯的""天然的""新鲜的""有机生长的""自制的""无污染""生态的"等词汇描述产品名称时，应符合国家相关法律法规或标准的规定，并应有相关的质量证明文件。

在食用菌标识上不能出现含有宣传能够预防、缓解、减轻、治疗某种疾病或调节特定生理问题等方面的内容；也不应包含可能引起消费者对类似食用菌的安全生产怀疑或恐慌的内容。

五、包装与标识的综合应用

食用菌是一种药食同源的营养食品，因其高蛋白、低脂肪，风味独特的优势，一直以来深受广大消费者的喜爱。市面上鲜食食用菌、干食食用菌、药用食用菌、食用菌保健品等种类繁多，但是长期以来，绝大多数生产者和经营者忽视包装设计、缺乏品牌意识，使得产品的附加值不高，也没有突出各类食用菌的独特品质。包装在食用菌产品的销售过程中除了有保护产品的基本功能外，还为产品充当无声的推销员的角色。

（一）食用菌产品包装设计目前存在的问题

目前，市场上食用菌的包装主要采用塑料包装和纸盒包装，也有较少的产品采用铁罐或是布袋包装。与国外同类型食用菌产品相比，除了极个别品牌较为注重包装设计外，绝大多数品牌设计单一、缺乏美感；表面装饰相似，各个品牌包装设计相似度高，辨识度低，特别是对于一些食用菌主产区，其产品包装并没有体现其独特品质和地方特色。这就导致了消费者在购买时的审美疲劳和盲目性。目前食用菌产品的包装存在的主要问题有以下几大类。

1. 包装设计与产品属性分离

无论是知名食用菌企业还是规模较小的厂家，其产品包装都存在一种使用公版包装的现象，所谓公版包装是不管什么种类的食用菌，都使用通用的一种或多种礼盒包装和塑料包装等方式，当购买一款食用菌产品时，消费者可以任意挑选一款事先准备好的包装来进行搭配。这样的包装销售方式的优点是能节省厂家包装生产的成本，而从食用菌产业的长远发展和品牌塑造的角度来看，是非常不利于食用菌产业的市场拓展和品牌成长的。

2. 品牌文化的缺失

品牌文化是产品区别于其他产品的重要手段。随着产品的丰富程度越来越大，同质化的包装充斥着市场，而此时消费者自主购物的观念也趋于成熟，购物时大多渴望买到体现自身的生活情趣、个性修养等独特个体的产品。成功的品牌文化还可以满足消费者特殊的偏好，使消费者产生追求和迷恋之情，突出品牌的差异性，增加了产品的附加值。近年来随着生活水平的提高，各类食用菌品牌纷纷呈现于市场，但知名品牌缺失是各主产区食用菌产业发展的瓶颈，无论是具有一定历史时期的食用菌品牌还是新型食用菌品牌，均缺乏对品牌文化及品牌核心价值的塑造。

3. 包装设计缺乏创新

农产品的包装普遍存在设计乡土气息浓厚、用料简单、包装粗糙等现象。食用菌产品的包装亦是如此，缺乏饮食文化和地域文化元素。

随着消费者对食用菌产品包装设计的要求提高到了文化性和审美性的消费需求层面，如何让食用菌这一农产品的包装设计摆脱"土气"和"随意"，也是从业者一直追求的目标。

4. 缺少相应的设计人才

我国农产品，包括食用菌产品的生产规模都较小，缺少专业性的包装设计人才。在食用菌市场中，中小型企业甚至是合作社、农户占比例较大，大部分小型企业对于聘请专业性包装设计人才没有足够的资金，导致无法对食用菌包装设计进行质量方面的提高，因而无法满足消费市场的需求。

（二）食用菌产品包装设计要求

食用菌产品的包装功能无非分为两部分。一为实用功能，也就是可以"保护产品""方便储存和携带"。二为传递信息功能，需要传递以下信息：传达企业文化；提供消费资讯；提升产品附加价值；品牌形象再延伸；自我销售。除此之外在设计时还可以从以下方面的元素进行考虑。

在进行食用菌产品的包装设计时离不开我国博大精深的饮食文化生产文化。特别是《舌尖上的中国》《老广的味道》《人生一串》《风味人间》等一系列美食类纪录片的热播，我国的饮食文化再次引起全社会的热议。饮食的色、香、味缺一不可，这些纪录片的成功，视角独特的剧本、引人入胜的解说和平凡而感人的故事固然重要，但那让人垂涎欲滴的食物画面才是对观众最大的诱惑。这才是对美食节目最好的包装设计。在当今社会经济发达和物质极度丰富情况下，食用菌的饱腹功能已经不仅是人们唯一需求，还需要讲究其独特的风味和养生保健功能。在饮食文化的影响下，食用菌包装形式也应该更加丰富、画面更加精美。

消费心理对于食品、农产品的销售起着关键的作用，不同年龄、不同性格的人对于食品包装的需求也是不一样的。根据梁家年的《设计艺术心理学》中消费心理的差异分析，消费者的消费心理是非常复杂的。简单来说，如果按照年龄差异下顾客呈现的心理与行为表现为：青年群体（16～35岁）善于猎奇，追求新颖、时尚，任何新事物、新知识都会使他们感到新奇、渴望，并大胆追求。对那些有独特个性，能够显示出青年人的身份、地位、喜好等标志性的产品和品牌更容易产生购买冲动。针对这一群体的即食食用菌零食、脱水食用菌、蘑菇酱、食用菌罐头等产品可以充分考虑这一年龄段消费者的消费心理进而对产品的包装进行设计。图3-110、图3-111这2款食用菌包装采用绘画表现黑木耳、香菇的种植场景，新颖有趣，而且袋内还采用了小包装，方便取用，看起来就容易吸引青年群体消费者的目光。

图3-110　包装设计案例——黑木耳

中年人（36～59岁）群体的消费心理特征则更加注重食品的质量、功能和价格。购买主要以讲求实用、健康和合理消费为主，也关注食品的便利性，几乎没有冲动性购买。他们的购买动机主要是求实和求廉，食品的营养性、天然性以及保健功能也是他们购买动机不可或缺的因素。食用菌鲜品、食用菌干品以及食用菌营养制品等产品在包装设计上则应该加强其营养性等品质特性的宣传内容。

图3-111 包装设计案例——香菇

不同性别消费心理的顾客也会有不同的消费心理与消费行为。女性群体的消费能力较强、对消费影响较大。女性不但为自己选购物品，同时也常为家庭购买消费，是食品市场购买活动的主要实施者。女性消费群体特别爱好吃，对食物也有研究，同时由于其在社会中的特殊地位，会采购大量食品和烹饪美食。不管什么个性的女性对于美食从来不会抗拒，当然也会常试着烹饪。女性很多时候也会有从众心理，一种食品获得某个女性喜爱后，其他女性也会受感染，吸引更多女性的青睐。男性的购买行为表现为果断快速，比较理智和自信。只要合心意的商品不会计较价钱与质量。也喜欢便捷的商品和科技含量高的产品，当然社会环境、流行趋势、消费习惯等因素的不同也会造成消费者购买行为的差别。

通过不同消费群体的心理分析，可知食用菌产品除了自身营养价值与口感外，其外包装的颜色、图形、文字等视觉要素，也都影响着消费者购买行为。所以，食用菌的包装设计不仅具有保护食品的基本功能，还应具有自我推销功能，在设计时可以从以下几点进行考虑。

1.体现食用菌的味觉

优秀的农产品包装，首先要给顾客带来视觉上的美味感。视觉设计一定要能带动消费者食欲和知觉联想进而使消费者产生味觉暗示的作用，这样更加能够体现产品的自身属性特点。除了食物自身的"舌感"如鲜、甜、香外，还应该有各种"口感"如：爽滑、软糯、新鲜、鲜嫩、细腻、松脆等。除了散装即食的食用菌产品，其余的在购买前是不能打开来品尝的，因此这些味觉必须通过外部的视觉表现元素转化为口感，呈现到消费者的眼前。

2. 增添设计的趣味性

包装趣味性主要是指将斑斓的色彩、夸张的造型、有趣的图形以夸张、拟人等修辞手法组合成具有幽默性的包装吸引消费者的注意，清晰传达出产品的个性特征，成功实现购买行为。图3-112中的香菇脆包装就采用了拟人化的香菇形象设计，憨态可掬，让人忍俊不禁。在设计时也可以增加包装的附加值，例如用布袋作为食用菌包装时可将布袋设计成超市购物袋的形式，既新颖又能使包装循环利用，同时还增加了附加价值和趣味性。

图3-112　包装设计案例——香菇

3. 凸显食用菌的天然感

食用菌外包装不仅要调动味觉，更应该从视觉上突出产品的天然感，展现食用菌的自然、健康、绿色感觉。由于人们对大自然的热爱与追求，崇尚自然健康的心理，从而更加注重食物的天然性，因此，食用菌的外包装要更加注重产品的天然感。

4. 地域文化的融入

地域文化是指一个特定的地理环境形成的历史遗迹、文化模式、社会习俗、生产生活方式。在食用菌产品包装设计过程中确定需要使用的地域文化元素后，将其以合适的表现手法体现在包装设计上。前几年最常用的方式就是将能体现地域文化的照片印制在包装上，毫无设计感可言，既不能抓住消费者的眼球，又拉低了整个包装的档次，现在越来越多的设计师会将地域文化的典型元素提取出来，通过艺术手段的处理和组合后再投入包装设计，给人以美的享受。例如汝阳地区的某食用菌包装就选取了

"杜康文化之乡"和"中国恐龙之乡"的文化符号,将杜康、恐龙等代表性元素加入产品包装设计之中,极富地方特色(图3-113)。

图3-113 包装设计案例——黑木耳

5. 包装字体设计

文字在产品的销售中是必不可少的元素,它不仅承载着告知功能,还具有极强的装饰功能,可以宣传和美化产品。包装中的文字是向消费者传达信息的重要手段,是消费者进一步了解产品的品牌和功能的途径。因此,在设计文字时,文字的表达一定要简洁清晰,主题明确,更重要的是易读易记;视觉上要注意文字排列的主次关系,做到重点突出。优秀的包装设计对文字的设计都很讲究,做到尽善尽美。包装设计中除了品牌名称放在显眼的地方,功能性的文字或者起宣传作用的广告词也是必不可少的。简洁、生动、诚实的文字说明不仅可以让消费者进一步了解品牌的功能与内涵,还可以增加消费者对产品的信赖度。这类文字主要是根据具体的宣传策划来确定在包装上的位置及大小,视觉表现力度一定不能盖过品牌名称。

6. 采用系列化包装设计

系列化的包装可以使整个包装具有多样性、组合性和统一性,同时具有强烈视觉引导和记忆加强的作用,更加方便顾客识别,加深记忆度,有利于在消费者心中形成企业良好的品牌形象,便于食用菌企业和品牌的迅速发展和成长。如图3-114中可口可乐的成功与它经典的瓶身设计密不可分,因为人们对象征此品牌的独特瓶身已深入人心,不管瓶子的外部装饰设计得多么绚丽繁复,或者有的直接把LOGO去掉,人们依然能够一眼认出这款的品牌是可口可乐。

图3-114　包装设计案例——可口可乐

7. 包装材料的低碳设计

随着"绿色""环保"的包装理念日益兴盛，发达国家已经严禁包装不达标的食品的流入，这对于我国农产品的出口是一个很大的冲击，同时，使用低碳、环保的适合可持续发展的低碳包装设计方案，也符合低碳生活的指导思想。消费者也应该抵制各类不符合低碳经济的产品。所以设计者要做到既符合绿色环保又符合消费者的审美情趣的食用菌包装设计，对于包装材料的选择是非常重要的。目前，常用的一些环保材料如竹子材料、叶子、陶器、树木和植物的混合材料、漂白牛皮纸、PVC 材料、瓦楞纸、布料等，如果运用巧妙，则会产生十分美观的效果。只要巧妙运用就可以产生意想不到的变化。

8. 开发新结构

开发食用菌包装的新结构可以从"使用方便"以及"使用后方便处理"着手。例如银耳干品，一般采用塑封包装，而且包装体积都较大，拆封后因为银耳占用空间大，而且呈朵状，很难收纳，现在市面上就出现了盒装单朵银耳，方便取用（图3-115）。

图3-115 包装设计案例——雪耳

9. 考量运输的便利性

目前国内物流的迅猛发展使得食用菌可以以极快的速度运往全国各地或是国外进行销售，包装材料的重量和形状也是食用菌包装设计者需要考量的因素，例如铁盒容器的保护性强但是材质较重，产生的额外运输成本就会转嫁到消费者身上。另一个层面就是体积问题，圆形体积大，方形体积相对小，装箱或是装柜运输，方形的密度较占优势，这些体积、材积、密度、装箱数等都是厂商必须精算的，不然会影响厂商的竞争优势。

六、问题、趋势与展望

近几年，农产品消费市场发展速度较快，食用菌种类较多，消费者在选择时容易眼花缭乱，一个成功的食用菌产品包装则能快速地吸引消费者的眼球，因此包装设计对食用菌的销量显得尤为重要。随着包装设计技术的逐渐完善，要更加注重包装的视觉设计与结构设计。成功的产品包装可以树立自己的品牌形象，不仅在中国市场中成为佼佼者，更要走出国门，占领国际市场，促进我国经济的发展。

第七节　奶产品包装标识要求与应用示例

　　牛奶被人们誉为最接近完美的食物。牛奶除含有乳糖、脂肪、蛋白质和无机元素等营养物质外，还含有种类繁多、作用巨大的生物活性物质，主要功能是用于维持和提升机体免疫系统、内分泌系统，保障酶类及其酶抑制和活性肽等的良好运转。牛奶作为最佳食品之一，在全世界范围内被广泛消费。奶产品营养极为丰富，很适合微生物的生长，因此对贮藏条件要求较高，非常容易变质、腐败，为了使奶产品在流通过程中保持新鲜，并且能够安全卫生地提供给消费者，必须对奶产品进行安全包装。

　　随着乳品企业的蓬勃发展，市场竞争日趋激烈，奶产品的包装向着多元化方向发展，成为企业谋求市场先机的关键。面对市场上存在的各种品牌，虽然消费者在选择时首先考虑的是奶产品的质量，但是优良的奶产品包装是保证质量的重要影响因素，而奶产品的包装形式和包装材料也会在一定程度上影响消费者的选择。奶产品的成分复杂，容易受温度、氧气、光照、微生物、机械作用等的影响，导致产品变色、氧化、破损、变质，从而缩短保质期。奶产品包装是指采用适当的包装材料、容器和包装技术，把奶产品灌充、装载或包裹起来，使奶产品在运输和贮藏过程中保持其价值和原有状态。

一、奶产品对包装的基本要求

　　奶产品包装传统的观念是为了延长贮存期并保证食品在贮存期内食用的安全性。随着经济发展和消费观念的更新，奶产品的包装也顺应时代发展不断更新以满足消费者需求。从消费者需求中提炼共性，不仅要求其包装外形美观，方便实用，还要求保证内在质量。根据奶产品的特性，结合现代营销观念，对奶产品的包装材料提出以下几方面要求：

　　● 防污染、保安全。这是奶产品包装最基本、最底线的要求，奶产品的包装要能够防止微生物的侵染，同时杜绝有毒、有害物质的污染，以此保证奶产品的卫生安全。

● 密封性。包装要具有隔水性能，保证液体奶产品不能够渗出和固体奶产品不会吸潮。

● 保鲜性。要求包装可以有效延缓外界对营养成分的侵害，在运输储存过程中要保证奶产品营养成分及组织状态的相对稳定，保证牛奶的质量，避免奶产品成分受外界因素影响。

● 热稳定性。减少或避免奶产品在无菌热处理期间产生化学变化或物理变化。

● 抗化学性、耐紫外性。避免奶产品在经化学剂或紫外线进行无菌处理过程中，材料的有机结构改变。

● 阻气性。要求包装一方面能阻隔外部空气中的氧气渗入，另一方面能保持充入容器的惰性气体不外渗。

● 韧性和刚性。包装应具有合适的韧性和刚性，便于机械化填充和封口。

● 避光性。阻隔光线的穿入。

● 卫生性。材料应是无毒的、符合食品卫生标准，且易杀菌。

● 经济性。来源丰富，成本低。

除此之外，包装材料的组成及生产工艺是奶产品包装需要考虑的重点，需要满足安全卫生，保证包装材料本身的化学物质不会向产品中迁移，保证奶产品与包装材料接触时不会发生引起人体危害的化学反应，不给奶产品带来二次污染。

二、包装材料

现在的奶产品包装市场中，根据包装形式的不同，所使用材料的性能也不同。用于包装的材料除了要有良好的机械性能，如拉伸强度、耐撕裂、耐冲击强度等之外，还必须有较高的阻隔性，尤其是氧气阻隔性包装材料对食品起到了保质、保鲜、保风味以及延长货架寿命的关键作用。常见的包装有玻璃瓶、百利包、爱克林、马口铁罐、牛皮纸等。

（一）玻璃瓶

奶产品的瓶装包装主要有玻璃瓶和塑胶瓶。玻璃瓶是传统液态奶的包装材料，玻璃瓶包装奶产品一般采用铝箔或铝箔与纸的复合材料进行封口，搭配塑料吸管，方便消费者饮用。玻璃瓶外部包装设计印刷方便，可以直接印刷在玻璃瓶上或印刷在封口材料上及印制标签贴在瓶上。采用的玻璃瓶包装形式在保持原有优良性能基础上具有持久的抗菌、抑菌作用，不但增加了耐冲击强度，而且重量向轻量化方向发展，造型更趋时尚流行。在瓶口压封感应铝箔，既加强了产品包装的密封性能，又延长了产品

农产品包装标识概论

图3-116 玻璃瓶奶产品

的保质期，可作为乳品生产企业在附近城市宅配销售渠道的常用包装（图3-116）。玻璃瓶作为包装材料有许多优点，如坚硬、透明、惰性、不渗透性以及没有气味，而且玻璃瓶的各种形状、大小和颜色对客户颇具吸引力。与众不同的玻璃容器形状使消费者能马上辨认出制造厂家或商标，清楚地看到容器中的产品，而且瓶身上能实现以低成本提供高质量的图案设计。玻璃瓶包装材料的缺点也很明显，主要是易碎，重量较一般包装重，运输不方便，并且在使用前都需要清洗和杀菌处理，不适合长期用于储存鲜牛奶。

（二）塑料瓶

PET（聚对苯二甲酸类塑料）材料是全球公认的环境友好型包装材料，由于其具有优良的阻隔性、透明性、耐候性、耐腐蚀性，可有效地阻止 O_2、CO_2 及其他气体的渗透，延长产品的保质期和货架期，确保乳品在储存、运输和销售时不变质、保鲜香、保风味。PET 材料具有优良的阻隔性能，尤其适用于对气体特别敏感的奶产品，其固有的耐候性、耐腐蚀性、易加工性使其可以作为牛奶的理想包装材料。其易加工、易成型、重量轻等特点，可降低生产成本和运输费用，同时可根据人们不同的审美观进行着色，进行文字和图案印刷，使品牌更容易与其他竞争对手相互区别开来，提供了更多可能性，增加了品牌认知度（图3-117）。PET 材料无毒无味，废弃的 PET 瓶可以通过循环再生利用，如制造防水布、包装袋、塑料板等产品，经再生制得的 PET 粒料在纺丝、吹塑等方面的再利用也都非常成功。PET 材料在使用性和经济性等方面都得到了充分的肯定，因而成为塑料包装材料研究开发的热点。但其材料单一，综合性能较差，不适于用作长期流通的产品的包装。

图3-117 PET瓶奶产品

（三）利乐包

利乐包的包装技术主要是将包装盒进行密闭式灌注，将乳制品灌装进包装材料里，紧接着进行切割封合，这种包装方式可将空气、光线和细菌等这些外界物质与牛奶隔离开来，将奶制品存放于常温之下，保质期最多9个月。与塑料瓶、玻璃瓶相比，砖型和枕型的利乐包，容积率相对较大，而且包装形状更易于装箱、运输和存储。让牛奶和饮料的消费更加方便、安全而且保质期更长，实现了较高的包装效率。2004年9月在纽约现代艺术馆的"朴素经典之作"展览上，利乐包被誉为"充满设计灵感的、让生活变得更简单、更方便、更安全"的适度包装杰作。凭借其高性价比与低成本特性，现如今在发达国家中已经广泛使用。

1. 枕型包

利乐枕是常见的饮料纸包装，它是适度包装的经典之作。经印刷后，由纸、塑、铝复合共挤而成，用于牛奶、饮料等液体无菌灌装，成型后的包装呈长条状，形如枕头，故被称作利乐枕（图3-118）。

图3-118　利乐枕奶产品

2. 利乐砖

利乐枕保鲜的食品通常可以存放较长时间，但比利乐砖的时间略短。利乐砖是指经印刷后，由纸、塑、铝复合共挤而成，用于牛奶饮料等液体无菌灌装，利乐砖是典型的多层纸铝塑复合材料结构，因成型后的包装形式四四方方，形如砖块而得名（图3-119）。这种包装能最大限度保留奶品的营养和风味，安全性好，保质期长达6～9个月，常温存储，便于长途运输，这种包装强调了方便、卫生、安全，迎合了现代人快节奏的饮食习惯。

图3-119　利乐砖奶产品

（四）康美包

无菌砖最典型的产品为利乐砖和康美包。与利乐包类似，康美包是敞开式包装的。牛奶直接灌注在纸盒内，机器自动将纸盒顶部封合。牛奶和盒顶之间有一定的空隙，但空隙中的空气是无菌的——因为牛奶的整个灌注过程都是无菌的，所以并不会影响牛奶的质量。康美包的纸筒预制作作为独立分开的一步，在纸筒出厂前已经进行纵封，纸筒成扁片状装箱运输，包材占用储存空间较大。包装时纸筒上机，纸筒有边角，并且纸纤维密度较大，纸盒外观整齐美观，大包装也不易出现"鼓肚子"。印刷是采用滚轮凹版印刷，图案细致，丰富，并且直接在纸盒最外层PE外印刷，色彩艳丽（图3-120）。

图3-120　康美包奶产品

（五）无菌袋

图3-121　无菌袋奶产品

无菌塑料袋包装是袋装奶产品包装方式中常用的一种（图3-121）。无菌塑料袋的包装材料必须通过特殊处理，在塑料袋最内层加上一层黑色的涂层，主要作用是使得奶与光线相阻隔，使牛奶不易变质，延长了产品的货架期。但是与铝箔相比来说，由于无菌塑料袋厚度较低，黑色涂层的作用并不能很好地解决无菌塑料袋本身所具有的缺陷。此包装虽然较经济，但容易出现破包或串味等现象。

（六）百利包

百利包是法国百利公司无菌包装系统生产的包装（图3-122），现在市场上用无菌复合塑膜袋包装的超高温灭菌奶很多，这种包装占据了主要的中低端消费市场。三层黑白膜包装袋阻隔膜的结构是：低密度聚乙烯（白）/低密度聚乙烯（黑）/低密度聚乙烯。内层为热封层，添加黑色母料起到阻挡光线的作用，中间层和外层印刷层添加白母料起到遮盖黑色和阻隔光线的

图3-122　百利包奶产品

作用。低密度聚乙烯在内层，直接与牛奶接触，不会对牛奶产生污染，在制袋时有良好的热封性能。百利包也有高阻隔五层、七层共挤膜等，材料不同其保质期1～6个

月不等。这种材料即使经过特别处理，其隔绝外部光线的效果比不上铝箔，并且其材料较薄，容易出现破包。

（七）爱克林包装

爱克林公司的发起人本是利乐包装创始人之一（Hans Rausing），由于受到蛋壳的启发，而发明了新型包装材料即"ECOLEAN"（图3-123），从而另立门户成立了瑞典爱克林包装有限公司。与其他众多包装相比，爱克林包装不仅绿色环保、工艺先进，爱克林包装酸奶挂壁少，不浪费，对于巴氏奶和酸奶的保鲜效果也非常好。爱克林包装主要成分为碳酸钙，无包装物污染，不会影响酸奶的新鲜口味，并且使用过后一定时间内在阳光下能够逐步降解。其包装阻隔性能优越，有效地隔光、隔热并抵抗微生物渗透，能有效避免包装在生产和运输过程中被污染，影响奶产品品质。爱克林包装印刷采用德国进口食品专用油墨，不会污染产品。爱克林独特的充气把手设计，使奶产品携带倾倒更加便利，另外针对巴氏杀菌乳可以直接使用微波炉加热的功能也是爱克林包装独有的。

图3-123　爱克林奶产品

（八）屋顶型纸盒

屋顶型纸盒简单来说就是将纸塑进行复合的一种包装方法，其外形有点像小房子，超市冷藏货架上可以见到（图3-125）。里面装的是巴氏杀菌乳，保留有一定的微生物。这种奶产品要求保持在4 ℃左右贮存。由于对温度敏感，保质期较短。这种包装方式需要多层复合膜，最外层是塑膜，中间层的主要物质

图3-125　屋顶盒奶产品

是纤维，与产品直接接触里层的材料则是铝箔。屋顶盒独特的材质和结构，可以防止氧气进入，对外来光线有良好的阻隔性，避免产品中维生素受光线破坏，从而有效保护盒内产品的营养、鲜度和口感，有效地保存牛奶的营养成分。屋顶盒的材料成本低，符合环保要求，相对而言适用于灌注营养价值高的鲜奶和乳酸菌之类的高档饮料。

当前在国内冷链系统不断完善的今天，屋顶盒包装可以把产品保质期延长 7 ~ 10 天。有些家庭装的包装形式上，从消费者方便取用的角度考虑，采用在屋顶盒上加盖技术（图 3-126），使纸盒能更方便地打开、倾倒并重新密封，并采用显窃启包装，维护消费者利益，使消费者能够喝上营养、安全、卫生和放心的巴氏杀菌奶。显窃启包装是指为防止开启、偷换、撕破、恶作剧等行为而对物品采取的某些特别技术措施，通过这种措施可以判断物品在外包装开启前的安全性。为确保物品的安全性，需要在制造程序、零售环节，科学合理又巧妙地在显窃启结构设计 3 个方面采取相应的措施。

图3-126　加盖屋顶盒奶产品

（九）利乐峰

作为利乐公司的明星产品无菌利乐砖的升级版，利乐峰是专为家庭饮用牛奶开发的，适合纯奶、维生素强化奶、风味奶等需要常温配送及较长保质期的产品（图3-127）。在继承利乐包装高性价比、环保低碳等特点的基础上，利乐峰更注重易于倾倒和便捷开盖等人性化设计，有助于品牌商降低生产成本、提高品牌曝光度，使品牌商、零售商和消费者共同受益。利乐峰拥有比利乐砖更大的倾斜顶面和大尺寸开盖，

图3-127　利乐峰奶产品

不仅开盖更为容易，而且消费者无须将包装高高拿起即可轻松平缓地倾倒饮品。此外，其独特外形使其更具货架表现力，能够帮助商品在琳琅满目的同类产品中脱颖而出。利乐峰包装采用直喷模塑技术，使开盖颈部的底座能平坦塑封于包装材料下缘，不仅使包装产生了更大的倾倒面，而且最大限度地降低了塑料的使用量，节约成本。轻巧盖和倾斜顶面的搭配，使利乐峰在分销堆放时更加稳固安全，并且节约了更多的储运空间。

（十）马口铁罐

马口铁罐常见于婴幼儿配方奶粉和炼乳的包装（图3-128）。马口铁罐的生产历史悠久，工艺成熟，有与之相配套的一整套生产设备，生产效率高，能满足各种产品的包装需要。马口铁罐相对于其他包装容器，如塑料、玻璃、纸类容器等的强度均大，且刚性好，不易破裂。具有优异的阻隔性、阻气性、防潮性、遮光性、保香性均好，加之密封可靠，能可靠地保护产品。金属材料的印刷性能好，图案商标鲜艳美观，所制得的包装容器引人注目，是一种优良的销售包装。另外，马口铁罐可根据不同需要制成各种形状，如方罐、椭圆罐、圆罐、马蹄形、梯形等，既满足了不同产品的包装需要，又使包装容器更具变化，促进消费。金属罐对奶粉的保鲜和营养的保持具有其他包装方式如纸、塑料、纸塑复合所不能比拟的优势和保障。但其生产和运输成本都比较高。相同品质的罐装奶粉，市场售价会比袋装奶粉贵30%以上。

图3-128　马口铁罐奶产品

（十一）便携式包装

罐装奶粉主要用于婴幼儿系列，而成人奶粉主要还是以袋装为主。罐装可以解决奶粉的密封保存问题，但它不方便携带，而袋装奶粉方便携带，但包装开后不能密封保存。便携性小袋包装（图3-129），简单方便携带、成本较低，其密封性也更强，使用时无须称重，一次一条，无多次污染风险，不仅可以使零售商在每个产品上占据更少的货架空间，而且在家庭中所占据的储存空间也更小，并且如今越来越多的消费者会关注体重管理，便携式的、零食化的独立产品包装形式，也是消费者追求健康生活方式的一种。

图3-129　袋装奶产品

三、包装形式

奶产品的包装除了是防污染和保护牛奶的营养成分及组织状态安全，还要便于储运和销售。良好的包装保护产品在流通和销售过程中不被破坏。根据奶产品不同的流通环节，奶产品包装总的来说可分为两大类，即运输包装和销售包装，也就是我们常说的大包装和小包装，也称外包装和内包装。

（一）奶产品运输包装形式

外包装材料是指具有保护、抗压功能，便于装卸、运输的硬包装，主要分为以下几种形式。

1. 牛皮纸袋

牛皮纸是高级包装纸，因其质量坚韧结实似牛皮而得名，有较高的耐破度和良好的耐水性。目前用于进口大包奶粉的牛皮纸包装，大多进行了改良，主要是与塑料材料一起制成复合材料，或者在包装外面用塑料膜塑封，从而增强牛皮纸防潮阻氧性能，以适应大包奶粉运输要求（图3-130）。

图3-130　牛皮纸袋包装

2. 瓦楞纸箱

瓦楞纸箱是目前我国用量较大的一种通用包装箱，由一片或二片瓦楞纸板组成，通过钉合、粘合等方法将接缝封合制成纸箱，箱底和箱盖有折片。用纸箱对产品进行整体包装，堆叠整齐并且方便储运，缺点是防潮性和耐压性差。在使用中，还可在箱中衬底加固。它比一般纸板箱更为坚韧、挺实，有极高的抗压强度、耐戳穿强度与耐折度，具有防潮性能好、外观质量好等特点，由于价格昂贵通常用于包装高档产品，如婴儿配方奶粉等（图3-131）。

图3-131　瓦楞纸箱包装

3. 塑料筐

玻璃瓶包装材料易碎，较一般包装重，运输不方便。不能像利乐包一样纸箱包装，通常用塑料筐对窄口玻璃瓶牛奶进行运输，运输过程中避免剧烈颠簸和碰撞，用于乳品生产企业在附近城市宅配渠道销售的常用包装（图3-132）。

图3-132　塑料筐包装

4. 填充内容物

使用纸箱包装的奶产品，为了保证在运输过程中减少损耗，常在箱内填充纸板，或者将奶产品包裹于充气柱内，以避免运输过程中因为磕碰损坏产品。充气柱是一种双层真空袋，使产品在内层袋里不会晃动；充满空气的外层又会对产品产生防震作用（图3-133）。

图3-133　包装箱内填充

（二）奶产品销售包装形式

奶产品的销售包装又称内包装或小包装，是零售网点与消费者直接见面的包装，主要起保护、促销和方便购销的作用。常见的包装形式包括纸箱、手拎纸箱和盒装等。

1. 纸箱

牛皮纸板箱比一般纸板箱更为坚韧、挺实，有极高的抗压强度、耐戳穿强度与耐折度，具有防潮性能好、外观质量好等特点，是一种比较常见的奶产品包装箱（图 3-134）。

图3-134　纸箱包装

2. 礼盒

奶产品属于快速消费的商品，为了满足品质、保质期、货架陈列和外观质量等多方面严苛的要求，研发人员需要不断探索各种奶产品包装。作为奶产品的重要组成部分，奶产品的包装在很大程度上影响着奶产品企业的发展。奶产品生产企业想要扩大市场，提高产品的市场占有率，高质量的包装是必然选择（图3-135）。针对目标人群对包装进行设计，产品的营销角色决定包装设计的档次。近年来，我国正经历着经济转型和产业不断升级的过程，高收入群体在消费者中所占比重大幅提升，高端产品和高端品牌逐渐进入人们的生活中。

高端品牌是指具有高价值、高品质、高价格，定位于高消费群体，注重商品所体现的意义和价值，能够凸显商品使用者的形象、地位和品位的品牌。高端品牌是一种美学，包含着情趣和精神文化，可以满足中高收入消费者彰显自己品位和个性的心理与情感需求。产品价值的升级过程也是消费者消费习惯的培养过程，将更高的品质根植于消费者心中，建立品牌忠诚度，能够让品牌转化成消费的引导力。产品在产品群阵营中肩负的营销角色，决定了包装设计的档次，产品包装的价值感要等同实质价值。即使高于产品的实质价值，也不能超过10%用来做品牌形象的产品，包装设计一定要能够体现品牌核心思想，售卖给大众的低端产品则不能设计成昂贵的精品货，让人望而却步，更主要的是经过反差对比，会给消费者造成一种内容物反而很差的心理落差。

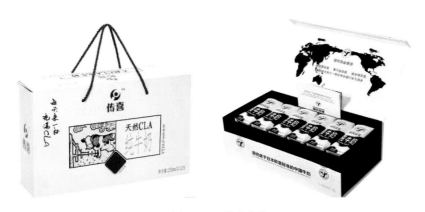

图3-135　礼盒包装

四、标签（标识）

包装标识是一场思想的革命，要通过包装标识科学的应用将奶产品的品质展示给消费者，让消费者明明白白地选择优质乳。精美的包装给人卫生可靠的感觉，从颜色、图案等方面吸引消费者，所有的说明及标识都是为了使消费者使用方便、更放心，从而便于销售。我国的奶产品标签标识主要是以GB 28050—2011预包装食品营养标签通则、GB 7718—2011预包装食品标签通则以及《国务院办公厅关于加强液态奶生产经营管理的通知》（国小发明电〔2005〕24号）、《关于加强液态奶标识标注管理的通知》（国质检食监联〔2007〕520号）等标准、制度及管理办法为依据进行标注。

（一）复原乳

复原乳是用奶粉还原的液态奶（图3-136）。奶粉的形成本身就经历过一次高温，再还原成复原乳，需要再经历一次高温处理，营养成分损失较大，如果不加标注，消费者则难以区分。另外，许多消费者在购买牛奶时，只注意品牌和生产日期，很少关注奶产品的成分，从而造成众多消费者都在喝糊涂奶，不知道他们花费鲜奶价格所购买的所谓的高温灭菌乳、酸奶，并不都是鲜牛奶，而是复原乳。《国务院办公厅关于加强液态奶生产经营管理的通知》要求生产企业按照有关法律法规和国办有关规定，严格实行液态奶标识制度。用复原乳作原料生产液态奶需标注"复原乳"，并在产品配料表中如实标注复原乳所占原料比例，供消费者自由选择。食品安全国家标准规定，只有液态乳需要标识"复原乳"。调制乳（GB 25191—2010）、发酵乳（GB 19302—2010）和部分灭菌乳（GB 25190—2010）要求：全部用乳粉生产的或在生牛（羊乳）中添加部分乳粉生产的灭菌乳、调制乳、发酵乳，均要求标识"复原乳"（"复原奶"）或"含××%复原乳"（"含××%复原奶"），并且对"复原乳"（"复原奶"）的位置、字体、字号、大小等有严格规定。明确规定不准使用"复原乳"的仅有"巴氏杀菌乳（GB 19645—2010）"和灭菌乳（GB 25190—2010）中的"超高温灭菌纯乳"两个产品。GB 13102—2010奶粉中规定灭菌乳中产品应该标示"本产品不能作为婴幼儿的母乳代用品"或类似警示语。

图3-136　复原乳产品

（二）标"鲜"和标"纯"

《关于加强液态奶标识标注管理的通知》强调以生鲜牛乳为原料，经巴氏杀菌处理的巴氏杀菌乳标"鲜牛奶/乳"。以生鲜牛乳为原料，不添加辅料，经瞬时高温灭菌处理的超高温灭菌乳标"纯牛奶/乳"。"巴氏杀菌乳（GB 19645—2010）"文本中明确规定巴氏杀菌应在产品包装主要展示面上紧邻产品名称的位置，使用不小于产品名称字号且字体高度不小于主要展示面高度1/5的汉字标注"鲜牛（羊）奶"或"鲜牛（羊）乳"。同样"灭菌乳（GB 25190—2010）"文本中明确规定仅以生牛（羊）乳为原料的超高温灭菌乳应在产品包装主要展示面上紧邻产品名称的位置，使用不小于产品名称字号且字体高度不小于主要展示面高度1/5的汉字标注"纯牛（羊）奶"或"纯牛（羊）乳"（图3-137）。

图3-137　鲜牛奶和纯牛奶标识

（三）产品分级

目前我国的包装标识在规范程度和丰富程度上和美国、日本等国家存在一定差距，例如美国和韩国等国家都对奶产品进行分级，在产品外包装上进行标识，产品分级（图3-138），可以在消费者选购奶产品的时候提供一定程度的帮助。美国奶产品标识"Grade A"以及韩国奶产品标识"1A级奶源"等标识都代表着该产品是品质优良的牛奶。

图3-138　进口奶产品分级

（四）工艺标注

三款奶产品来自日本（图3-139），均在外包装上标识了该产品的加工工艺，科学地向消费者展示了产品的品质，让消费者明明白白地消费，真正意义上的理解奶产品的品质。

图3-139　奶产品工艺标识示例

（五）营养标签和预包装标签

"GB 28050—2011 预包装食品营养标签通则"中对营养标签、核心营养素、营养成分表、营养素参考值（NRV）、含量声称等均作出明确规定。营养标签是指预包装食品标签上向消费者提供食品营养信息和特性的说明，包括营养成分表、营养声称和营养成分功能声称，营养标签是预包装食品标签的一部分。营养标签中的核心营养素包括蛋白质、脂肪、碳水化合物和钠。含量声称是指描述食品中能量或营养成分含量水平的声称，声称用语包括"含有""高""低"或"无"等。

"GB 7718—2011 食品安全国家标准 预包装食品标签通则"中对配料、生产日期、保质期、规格等标签标识也作出了明确的限定。如配料应标注在制造或加工食品时使用的，并存在（包括以改性形式存在）于产品中的任何物质，包括视频添加剂。生产

图3-140　营养标签和预包装标签

日期应标注食品成为最终产品的日期，也包括包装或灌装日期，即将食品装入（灌入）包装物或容器中，形成最终销售单元的日期。统一规制营养标签之后，大大降低了市场交易成本，消费者也可通过统一的格式和统一标识的营养成分内容对同类食品评估选择，减少了搜寻成本。营养标签制度化的目的并非仅仅出于基本的食品安全，倾向于追求安全基础上的营养膳食，属于高层次的要求，营养膳食是民众福利提高的一种体现（图 3-140）。

（六）其他

● "GB 13102—2010 炼乳"中明确规定，炼乳产品应标示"本产品不能作为婴幼儿的母乳代用品"或类似警语（图 3-141）。

● "GB 19302—2010 发酵乳"中明确规定，发酵乳在发酵后经热处理的产品应标识"××热处理发酵乳""××热处理风味发酵乳""××热处理酸乳/奶"或"××热处理风味酸乳/奶"（图 3-142）。

图3-141 炼乳相关标识　　　　　　　　图3-142 热处理风味发酵乳相关标识

● "GB 10765—2010 婴儿配方食品"中明确规定，"对于 0～6 月的婴儿最理想的食品是母乳，在母乳不足或无母乳时可食用本产品"，并且在标签上不能有婴儿和妇女的形象，不能使用"人乳化""母乳化"或近似术语表述（图 3-143）。

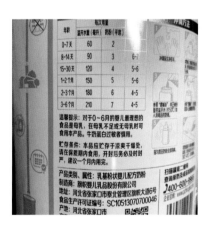

图3-143 婴儿配方食品相关标识

● "GB 10767—2010 较大婴儿和幼儿配方食品"中明确规定，较大婴儿和幼儿配方食品的标签中应注明产品的类别、较大婴儿配方食品或较大婴儿和幼儿配方食品的属性（如乳基和/或豆基产品以及产品状态）和适用年龄。较大婴儿配方食品应标明"须配合添加辅助食品"（图 3-144）。

● "GB/T 21732 2008 含乳饮料"中明确规定，发酵型含乳饮料及乳酸菌饮料产品标签应标示未杀菌（活菌）型或杀菌（非活菌）型；并且未杀菌（活菌）型发酵型含乳饮料及未杀菌（活菌）型乳酸菌饮料产品应标明乳酸菌活菌数，应标示产品运输、贮存的温度（图3-145）。

我国要进一步健全质量标准体系，加快完善液态奶标识制度。这有利于维护消费者的知情权和选择权，让消费者明白消费、健康消费。各级质检、农业部门要广泛宣传巴氏杀菌乳、灭菌乳、复原乳等科普知识、保证消费者在选择液态奶产品时能够获得客观真实信息，切实维护消费者合法权益，引导广大消费者科学消费、健康消费。

 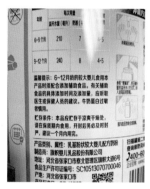

图3-144　较大婴儿和幼儿配方食品相关标识

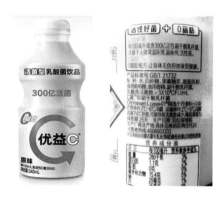

图3-145　含乳饮料相关标识

五、包装与标识的综合应用

（一）包装标识的品质内涵

奶产品包装除了保护产品安全流通、方便储运与消费、促进销售，还需要依据特定产品的性质、形态和流通意图，通过策划构思形成概念，以艺术和技术相结合的方式，采用适当的材料、造型、文字、图形、色彩和防护技术处理等。一款优秀的奶产品在市场上畅销，除了其自身品质良好，奶产品的外包装也有着非常重要的作用，这主要是因为好的包装设计可以准确地向消费者传达商品信息，给消费者留下深刻的印象。在造型上与众不同，让消费者有丰富的视觉享受。从美术角度来看，包装应该注意图案设计的和谐、活泼、高雅、色调使人赏心悦目，布局要得体，从品牌的宣传角度来看，包装要突出产品个性和特点，通俗易懂、易于理解、记忆点清晰。奶产品包装的设计应该大胆，在外形上要显眼，突出产品的内容和特性，让消费者更多地了解这个产品，一看到这个产品就觉得与众不同，有购买欲望。

能否做好奶产品包装直接关系产品质量的好坏，并且关系着奶产品企业发展与扩张的速度，同时，奶产品的多元化发展及消费需求的变化也带动了奶产品包装技术的不断发展。奶产品企业应该集思广益，积极创新，时刻关注国内外奶产品包装动态，把握食品包装发展趋势，思考这些动态和趋势是否对本公司的奶产品包装有所启发，是否能为新产品的包装带来灵感。根据自身战略需要和市场需要形成基本的产品包装概念。对本公司的产品和设备有足够的了解，洞悉包装趋势，并快速作出反应。不论是现在还是将来，奶产品包装都对乳制品的销售、品牌宣传以及乳制品企业的发展具有重要作用，奶产品企业应把握乳制品包装创新的趋势和方向，通过包装来实现产品增值和品牌增值。

（二）优秀案例

1. 产品包装设计系列卡通形象

随着生活方式的变化，消费者对于产品的需求不仅仅局限于满足生活基本需求，而是期待"有情感的"、可以与之互动的产品出现，现有的单一产品包装形态不再能满足消费者的诉求。一般来说，包装互动性的设计需要结合产品结构、包装图形以及消费者，以此来激发消费者的好奇心。"以人为本"的互动性包装设计对于提升品牌价值与产品品质均有重要作用，消费者可以通过与产品的互动体验体会到消费的乐趣，这是互动性包装的最终目的。以蒙牛纯甄酸奶的设计为例。在冠名赞助综艺节目《极限挑战》后，蒙牛纯甄抓住了6位节目成员身上带有的可爱的动物特征，进而推出了对应的成员卡通形象包装，深受《极限挑战》节目粉丝的喜爱，也激发了诸多忠实观众纷纷买齐6款包装（图3-146）。

图3-146　蒙牛纯甄奶产品包装

2. 梦幻盖利乐钻包装

梦幻盖利乐钻包装，其八面钻体的包装外形赋予了产品更多自我展示的空间，将特仑苏有机纯牛奶想要传递的"大自然的气息"很好地表达了出来，整个包装美丽大气，充满生机，与产品的高端定位相得益彰。且八面钻体包装外形还可以为消费者提

图3-147　蒙牛特仑苏奶产品包装

供绝佳的握持手感。同时，包装所搭载的梦幻盖，具有"大螺纹、低扭矩"的设计，方便开启。旋盖直径达26mm，独特的唇贴设计全面融合了人体工程学理念，液体流速均匀，为消费者带来更舒爽的饮用体验（图3-147）。2012年，梦幻盖曾在纳维亚包装博览会上荣获"斯堪的纳维亚之星"（Scanstar）的殊荣。总体来看，这一包装美观大方，容量适中，便于携带和在途饮用，对上班族和学生而言都是品质之选，助力提升了特仑苏的品牌竞争力。

3. 奶粉取勺设计

婴幼儿配方奶粉本身成分中含有糖，易吸潮，如不慎粘手上会造成二次污染。在灌装奶粉前将奶粉勺提前投入奶粉罐体中，这样就造成消费者首次打开包装时，需要将被埋在奶粉中的勺子取出，这种设计是过时的。独立搁置奶粉勺子的设计是婴幼儿配方奶粉包装的一个亮点（图3-148）。

图3-148　独立搁置勺子设计

尽量避免手直接接触奶粉勺子部分，需要快速方便取用奶粉勺的设计。

六、问题、趋势与展望

对于包装产品而言，容器内装的是什么固然重要，但包装容器也是同样的重要，包装形式和性能特点决定液态奶保质期及品质。产品的包装一直与产品开发和行销息息相关，其样式越来越多，大小、形状、色彩等方面应有尽有，创意层出不穷，极大程度地满足了奶产品今天多样化的需求。人们生活水平的提高，促进了牛奶市场的产品多样化，从而带动了牛奶包装的不断演变，面对不同消费群体，要有不同的包装理念。

（一）绿色环保

液态奶包装正向低成本、安全卫生和环保方向发展。合理的包装应做到对食品有更好的保护作用，方便携带、贮藏、运输、使用，且使用后包装材料能够进行回收再利用。现在人们的环保意识逐渐增强，不再推崇奢华包装，而曾经一度被取代的，可以重复利用的玻璃瓶也逐渐被广泛应用。

包装的绿色化是整个包装工业的发展趋势，环保包装主要体现在以下几个方面。

● 长寿命的包装材料。尽量采用使用时间长的包装材料并设计精确化，不产生过度包装，这样可以减少包装物废弃后对环境的污染。

● 包装减量化。在包装设计中使用的材料应该尽量减少，提倡简朴包装，以节省资源。

● 包装材料单一化。采用的材料尽量单纯，不要混入异种材料，以便于回收。

● 生产过程采用柔版印刷，使用水性油墨，消除了化学溶剂的污染。

● 重视包装材料的再利用。采用可回收、复用和再循环使用的包装，提高包装物的生命周期，从而减少包装废弃物。

（二）设计多样性

奶产品包装更新换代速度较快，货架上产品众多，优秀的奶产品和同类产品相比较，包装设计要具有鲜明的视觉特征，能瞬间从一大堆产品中脱颖而出，视觉强度高、可辨识性强，但是又有合理的视觉流向，可读性强。在日益繁忙的社会生活中，如何从消费者的需求及便利性考虑，为他们提供一些可以在上班路上或旅游途中方便享用的产品，这也将会给乳品品牌带来一定的竞争优势。

包装市场过度集中也会导致我国乳制品包装形式过于单一。产品的信息几乎都是通过包装传递给消费者的，只有在包装上突出特色才能更好地在较短时间内吸引消费者。所以除了降低包装成本，增加企业收入外，还可使用能够突出产品特色的包装来吸引消费者的眼球，获得销售业绩的增长。

（1）大容量家庭装越来越多，大容量家庭装经济实惠，同时由于塑料桶成本低，所以受到消费者与供应商的共同青睐。

● 即饮包装前景看好，对于即饮类牛奶产品，消费者更倾向于选择方便又卫生的包装。轻便、易携带、无须借助工具开启，如吸管附贴类纸盒包装、纸盒包装或旋盖类塑料瓶等携带和在途饮用，对上班族和学生而言都是品质之选，助力提升了品牌竞争力。

● 面向不断增加的老年人口，包装产品应为图案简明、易开封、实惠的包装。

（三）包装节约型

对于各乳品企业来说，在市场价格面前它们都是平等的，因此包装成本是各个乳品企业无法忽视的重点，高档纸张作为乳品包装的重要原料，对乳品包装将起到重要作用，国内造纸企业也正在积极攻克各种技术壁垒，为实现特殊包材国产化和降低包装使用成本而努力。

（四）包装安全性

包装材料和容器对于食品安全有着双重意义：一是合适的包装方式和材料可以保护食品不受外界的污染，具有一定的透湿率、透氧率，保持食品本身的水分、成分、品质等特性不发生改变；二是包装材料本身的化学成分会向食品中发生迁移，如果迁移的量超过一定界限，会影响到食品的安全，即溶剂残留量越低越好，不得改变食品成分，导致食品的品质恶化，影响食品的色泽、形态、味道等特性，不给食品带来污染而影响食品风味，对人体无毒害即食品在长期与容器内壁直接接触的过程中，不应起有害人体健康的化学反应。

总之，经济全球化的今天，包装与商品已经融为一体，包装作为实现商品价值和使用价值的手段，在生产、流通、销售和消费领域中，发挥着极其重要的作用。奶产品企业应把握乳制品包装创新的趋势和方向，通过包装来实现产品增值和品牌增值。只有在包装材料、包装形式和包装标识上不断改进，才能更有力地促进消费，推动中国奶产业的持续健康发展。

第八节 蜂产品包装标识要求与应用示例

我国养蜂业作为具有竞争力的创汇农业，无论是蜂群数量、蜂蜜和蜂王浆产量，还是蜂蜜和蜂王浆的出口量，均居世界首位。我国幅员辽阔，蜂种资源和蜜源资源丰富，气候、地理、生态条件多种多样，发展养蜂业有着十分优越的自然条件。养蜂业作为绿色发展的"空中产业"，对保障食物安全、促进农业绿色发展、保护修复生态环境、满足群众生活需要、助力农民脱贫攻坚等都具有重要意义。

蜂产业能提供满足人民群众美好生活需要的重要产品。推进农业产业结构调整，增加绿色优质农产品供给，已成为现代农业建设的首要任务。蜂蜜、蜂王浆、蜂花粉、蜂胶、蜂毒等蜂产品，用途广泛，经济价值高，既是医食同源、药食兼优的生物物质，可以直接服用，也可以加工成各种营养保健食品，具有天然的营养功能和药理作用，在提高人体免疫力、预防治疗心脑血管病、抑制肿瘤、调节血脂血糖、治疗糖尿病等方面具有显著效果。蜂毒、蜂胶等可治疗多种疾病，蜜蜂医疗在一些地方已发展成为广受欢迎的新兴产业。

蜂产品就是来源于蜜蜂的产品，按其形成的不同可分为三大类：蜜蜂的采制物，如蜂蜜、蜂花粉、蜂胶；蜜蜂的分泌物：蜂王浆、蜂毒、蜂蜡；蜜蜂生长各虫态躯体，如蜜蜂幼虫、蜂蛹等。蜂产品的生产加工从起初以蜂蜜和蜂王浆为主，到如今扩展到所有的蜂产品加工生产，其制成品包括食品、药品、化妆品及其他工业品。

蜂蜜，是蜜蜂采集花蜜后酿造而成的。新鲜成熟的蜂蜜是透明或半透明的黏稠胶状液体。蜜源植物种类不同，蜂蜜的色、香、味也不同，蜂蜜的色泽有水白色、乳白色、白色、浅琥珀色、琥珀色、深琥珀色、黄色等。蜂蜜中含有糖类、维生素、矿物质、氨基酸、酸类、酶类等多种物质。蜂蜜中含葡萄糖和果糖，占 65%～80%；蔗糖极少，不超过 8%；水分 16%～25%；糊精和非糖物质、矿物质、有机酸等含量在5% 左右。此外，还含有少量的酵素、芳香物质和维生素等。蜜源植物品种不同，蜂蜜的成分也不一样。蜂蜜对某些慢性病还有一定的疗效。常服蜂蜜对于心脏病、高血压、肺病、眼病、肝脏病、痢疾、便秘、贫血、神经系统疾病、胃和十二指肠溃疡病等都有良好的辅助医疗作用。外用还可以治疗烫伤、滋润皮肤和防治冻伤。

成熟的蜂蜜具有很强的抗菌能力。刚摇出的蜂蜜并不成熟，在贮存和运输中，由于用具、环境污染、水分过高、蜜蜂尸体腐败等原因，可能会引起乳酸菌繁殖导致发酵或其他活性物质的减少。在蜂蜜营养成分中，酶类尤其是淀粉酶对热极不稳定。温度过高，会导致蜂蜜特有的香味和滋味受到破坏而挥发，抑菌作用下降，营养物质被破坏。因此在摇蜜后，应尽快过滤、浓缩、密封、避光保存（图3-149）。

图3-149 蜂蜜

蜂王浆（图3-150）是工蜂王浆腺的分泌物。因蜜源的不同，新鲜的蜂王浆多数呈乳白色或淡黄色，半透明的乳浆状半流体，内呈朵块状，有光泽，无气泡，无杂质，具独特的蜂王浆香气。新鲜的蜂王浆色泽好，香气浓。蜂王浆中含有蛋白质、氨基酸、糖类、脂肪酸、有机酸等成分，蜂王浆常温下易变质，其活性成分与其新鲜程度关系密切，所以贮存过程中需要冷冻储存。新鲜蜂王浆的包装材料要求耐低温、阻断性好。

　　蜂王浆冻干粉（图3-151）是蜂王浆的深加工产品，是蜂王浆冷冻干燥后的制成品，这种加工方式能完好地保持鲜蜂王浆的有效成分和特有的香味、滋味，而且活性稳定，可在常温下贮存3年。蜂王浆冻干粉的吸湿性很强，为防止污染及水汽侵入，分装盒封口操作应低温、干燥、快速，包装封口必须严密。蜂王浆冻干粉可以单独加工或者和蜂胶一起加工成胶囊、片剂等制成品。蜂王浆冻干粉的商业包装多用塑料或铝箔小袋分装；冻干粉深加工产品用铝箔和复合塑料压塑成型，或者用塑料瓶密封包装。

图3-150　蜂王浆　　　　　　　　　　图3-151　蜂王浆冻干粉

　　蜂花粉（图3-152）是蜜蜂采集植物花粉贮存于后足花粉筐带回的花粉团，含有蛋白质、碳水化合物、脂肪、维生素、矿物质和生物活性物质等。花粉是有花植物的雄性生殖细胞，含有人体必需的多种营养成分，为机体组织的生长和修复提供丰富的原料。蜂花粉具有降低血液中胆固醇、健脑强体和提高免疫力的功能。蜂花粉有黄、淡黄、白、灰、灰绿、橘黄、橘红等多种颜色，因来源于不同的植物而异。干燥后的蜂花粉团粒直径2.5～3.5mm，捏在手中轻搓有坚硬感，极易吸湿返潮和霉变，应密封包装贮存。蜂花粉的产品主要以瓶装、袋装的蜂花粉颗粒多见，深加工产品有破壁蜂花粉、花粉酒等。

图3-152　蜂花粉

蜂胶是蜜蜂采集植物树脂并加入其自身分泌物混合而成的一种棕红色、棕黄色、棕褐色带青绿色或灰褐色的黏性固体。蜂胶中含有黄酮类化合物、有机酸、维生素、多糖、酶类等多种化合物。蜂胶被誉为"人类健康的保护神"，具有广谱抑菌作用；还能清除血液中的有害物质，降低血液黏稠度。蜂胶产品是蜂产品中的高附加值产品，根据蜂胶的功能营养物质开发出许多种保健类食品，以及与其他营养物质复合而成的胶囊（图3-153）等深加工后的产品。

图3-153　蜂胶软胶囊

蜂毒是工蜂毒腺和副腺分泌的一种味苦而具芳香气味的淡黄色透明毒液，由多种肽和酶类活性物质组成的复杂混合物，具有高度药理学和生物学活性。蜂毒主要具有抗炎、降压、镇痛、抗病毒作用。蜂毒疗法治疗疾病已有悠久的历史，特别是对于治疗风湿、类风湿性关节炎、肩周炎等疾病具有较好的治疗效果。蜂毒产品有蜂毒软膏类、蜂毒酊剂等药用产品，蜂毒面膜、精华液等化妆品。

一、蜂产品对包装的基本要求

在现代蜂产品的流通中，包装起着极其重要的作用。蜂产品消费者通过包装的合理性、设计水平、包装材质等方面对产品进行初次解读。蜂产品是一种预包装农产品，保护蜂蜜等产品不被自然因素、人为因素破坏，是蜂产品包装的最初目的。随着人们对蜂产品的认识加深，蜂产品的流通广泛、频繁，蜂产品的包装设计也不断升级，为生产、流通、贮藏等环节提供便利，也方便消费者携带和取用。

根据蜂蜜的特性，结合现代营销观念，蜂蜜的包装要求可归纳如下：①防污染、保安全。这是蜂蜜包装最基本的要求，合适的加工方法，加上有效的包装，可以防止污染，保证蜂蜜的卫生安全。②保护蜂蜜的营养成分。蜂蜜在合理的包装里营养成分相对稳定，但环境的变化，比如高温、光热等，会让蜂蜜中的活性成分失去活性。

③方便消费者取出食用。④方便批发、零售。⑤具有一定的商业价值。⑥环保包装。

蜂蜜是目前市场上最多见的蜂产品，蜂蜜包装时用透明的包装瓶，让消费者看到蜂蜜的色泽和纯洁度，可以与标签上蜂蜜的蜜源种类进行对应，也是帮助消费者鉴别蜂蜜真伪的直观方法。双层封口，内纸盖用厚的白纸板，内表面用复合铝片纸，热塑封口。蜂蜜在贮存过程中会出现发酵和结晶析出的现象，从而影响蜂蜜的品质。为增强蜂蜜的贮藏性能及商品的货架性能，科学包装蜂蜜尤为重要。蜂蜜的包装有大宗运输用的铁桶、塑料桶；有塑料瓶、玻璃瓶等销售包装；有纸箱、周转箱等运输包装。

二、包装材料

安全卫生的蜂产品包装，是消费者对蜂产品生产者的最基本要求。每个蜂产品生产者都应该从包装材料本身的安全与卫生、包装后蜂产品的安全与卫生、包装废弃物对环境的安全性3个方面考虑包装用材。蜂产品的包装按照材料和容器分类，有塑料、玻璃、金属、纸、陶瓷、布袋、其他复合材料等。

1. 塑料

塑料是一种以树脂为基本成分，加入各种添加剂，改善其性能，制成高分子的有机材料。塑料以其耐用、质轻、易加工等优点而风行于世界。世界塑料制品在2010年就达到了1.86亿t。包装材料或容器应用塑料占世界塑料总消耗量的40%，居各行业的首位。塑料用作包装，是现代包装技术发展的重要标志，是发展最快、用量巨大的包装材料。在蜂产品中，塑料一度成为最主要的包装材料。随着废弃物"白色污染"日益突出，解决塑料废弃物的处理问题，降解塑料产品及其理想的环境适应性问题受到人们广泛关注。

塑料的品种很多，分类方法也很多。用于蜂产品包装中塑料树脂主要为以下几种塑料产品。

（1）聚对苯二甲酸乙二醇酯（PET）。主要做塑料瓶和片材用，可作为蜂蜜的包装容器，也可用于片剂、胶囊剂等固体制剂的包装。可以很好地阻断水、油、气体、异味，保证蜂产品的气味；PET材料透明度高、可阻挡紫外线，保证产品在短期内不变质，光泽性好，向消费者很好地展示蜂蜜、花粉的色度。就蜂蜜包装而言，PET可以满足其性质的要求：可在 $-70 \sim 120℃$ 下长期使用，可见光透过率90%以上，卫生安全性好，溶出物总量很小。目前市场上，蜂蜜的包装除了玻璃瓶外，最广泛使用的是PET塑料瓶（图3-154）。

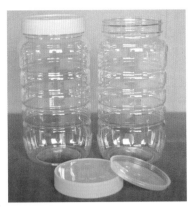

图3-154　PET塑料瓶、塑料盒

（2）聚萘二甲酸乙二醇酯（PEN）。PEN与PET结构相似，是PET的改性品种。PEN比PET具有更优异的阻隔性，特别是阻气性、防紫外线性和耐热性比PET更好；可制透明厚壁耐热瓶。用作蜂蜜包装时可以更好地保证蜂蜜的质量。

（3）聚偏氯乙烯（PVDC）。其最大特点是对空气中的氧气及水蒸气、二氧化碳等具有良好的阻隔性，防潮性极好。受环境温度影响较小，耐高低温，不易受酸、碱和普通有机溶剂的侵蚀，透明光泽性好。在蜂产品包装中主要与聚乙烯（PE）、聚丙烯（PP）等制成复合薄膜作冲剂和散剂等的包装袋。

（4）聚氯乙烯（PVC）。硬质PVC主要用于周转箱等；软质PVC可用于制作片剂、胶囊剂的铝塑泡罩材料。目前蜂产品中，被制成尖嘴的可回流瓶口、奶嘴型瓶口等（图3-155）。这种瓶口设计，挤压出蜜，不易漏蜜，不会粘手，比传统瓶口设计更合理，更人性化。还有金属盖里面的密封垫圈，也属PVC体系。

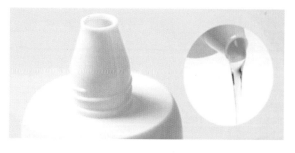

图3-155　PVC塑料瓶口

（5）聚丙烯（PP）或聚乙烯（PE）。制成 OPP/PLOPP/AL/PE 复合膜，可用于冲剂等的印字复合膜包装袋材料。蜂蜜小包装内袋多用食品级 PE 材料。

（6）聚苯乙烯（PS）。由于其质轻、坚固、吸震、低吸潮、易成型及良好的耐水性、绝热性、价格低等特点，被广泛应用于包装、保温、防水、隔热、减震等领域，是应用最广泛的塑料之一。

（7）聚碳酸酯（PC）。具有冲击韧性高、透明度好、耐热又耐寒，透气透湿性优于 PET，保香性优良，印刷适应性好等特点，是一种非常优良的包装材料，但因价格较贵而限制了它的广泛应用。PC 可以吹塑成瓶、罐等，在一些领域已完全取代玻璃瓶。

蜂产品包装中其他可用的塑料材料还有乙烯/乙酸乙烯酯共聚物（E/VAC）、聚四氟乙烯（PTEE）、聚酰胺（PA）、聚氨酯（PUR）、聚氟乙烯（PVF）、乙烯/乙烯醇共聚物（EVOH）、ABS［丙烯腈（A）、丁二烯（B）、苯乙烯（S）三元共聚物］和 K- 树脂等。这些塑料都具有防潮、遮光、阻气、印刷性好等优点。但作为塑料预包装的蜂产品，存在某些卫生安全方面的问题和包装废弃物对环境的污染问题；塑料加工工艺愈发复杂，导致包装塑料瓶的质量检测工作也面临着全新的挑战。包装塑料瓶经常会发现有泄漏、破损等现象，有可能会对食品卫生安全构成重大威胁，这也使得大量的食品包装塑料瓶逐渐被淘汰出市场。所以在注重塑料瓶包装设计时，也要关注塑料瓶质量检测技术的提升。

2. 玻璃

玻璃包装容器是很常用的包装容器之一。尽管它们有易碎、易损、质量过大等缺点，但由于其固有的特点，仍然是今天重要的包装容器，在食品、饮料方面的需求量很大。玻璃容器的造型多为瓶、罐，其造型的多变性是任何包装容器所不及的。用玻璃包装的产品，常作为礼品馈赠。玻璃的化学成分是二氧化硅和各种金属氧化物，二氧化硅在玻璃中形成硅氧四面体结构，使玻璃具有一定的机械强度、耐热性和良好的透明性、稳定性等。金属氧化物包括氧化钠、氧化钙、氧化铝、氧化硼、氧化钡等。这些金属氧化物与二氧化硅按一定配比，经过高温熔融、冷却成固定物质。

无机玻璃的种类很多，根据玻璃形成氧化物的不同，可以把玻璃分成硅酸盐玻璃、硼酸盐玻璃、磷酸盐玻璃、铝酸盐玻璃等。玻璃包装材料主要为钠钙玻璃，它具有非常好的化学稳定性，几乎不与任何内容物相互作用。玻璃具有良好的光学性能，可以制成透明、表面光洁的包装容器。玻璃在蜂产品中主要用于蜂蜜、蜂毒制剂及口服液、饮料的包装。玻璃可用于多次使用，而且耐热、耐压、易清洗，既可高温杀菌，也可低温贮藏。玻璃的主要缺点是抗冲击强度不高，容易破碎，以及重量大易增加蜂产品包装的运输成本。随着材料工业的发展，有高强度轻量的玻璃容器诞生，玻璃成为更多蜂产品包装的选择。除了常见的圆柱形瓶，玻璃还可以被塑造成椭圆瓶、方瓶、六棱瓶等，多见于较高档的蜂蜜包装（图3-156）。

图3-156 六棱玻璃瓶

3. 陶瓷

以铝硅酸盐矿物或某些氧化物为主要原料，按用途给予造型，表面涂上各种光滑釉，或特定釉、各种装饰，采取特定的化学工艺，用适当的温度和不同的气体烧结成一种或多种晶体。陶瓷的化学稳定性和热稳定性均很好，陶瓷罐用作蜂蜜的包装（图3-157），并不常见。因为陶瓷不透明，材质重，不方便携带。但正因为这个原因，也给陶瓷罐中的蜂蜜添加了一丝神秘感。

图3-157 陶罐装蜂蜜

4. 金属

金属作为包装材料的缺点是：化学稳定性差，不耐酸碱腐蚀，金属离子被内容物析出后会影响产品风味。在原料蜂蜜的收集和运输中，以前可见到大型不锈钢桶包装的蜂蜜。这种包装形式如今已很少见，这是由于蜂蜜呈弱酸性，对钢桶的材料要求严格，且不宜长时间存放蜂蜜。近些年来，人们多用塑料桶取代不锈钢桶。

金属在蜂产品包装中，主要是作为辅助的包装材料存在，如玻璃瓶包装上配合的金属螺纹盖，用的是镀锡薄钢板（马口铁，见图3-158）；塑料瓶或玻璃瓶封口用的铝箔；玻璃密封罐上的强力扣（图3-159）、铁盒外包装（图3-160）、桶箍、钢带打包扣、泡罩铝等。

图3-158　马口铁瓶盖　　　　　　　　　　　图3-159　有强力扣的密封罐

铝具有优良的阻挡气、汽、水、油透过的性能，良好的光屏蔽性。但铝箔很容易受到机械损伤及腐蚀，所以铝箔较少单独使用，通常与纸、塑料膜等材料复合使用。采用不同的加工方式可获得多种铝加工箔，如泡罩包装的盖材、商标、礼品包装等。

图3-160　铁盒包装蜂蜜礼盒

5. 纸

纸是一种古老的、传统的包装材料，是以纤维素为原料所制成的材料的统称。在现代蜂产品包装中，纸包装材料占有一定的比例。纸质包装原料来源广泛、成本低、容易大批量生产；加工性能好、便于复合加工、且印刷性能优良；还有重量较轻、卫生安全性好的特点，更重要的是纸质废弃物可回收利用，无白色污染。在蜂产品包装中纸材料可制作标签、纸袋、纸盒、纸箱等，或配合铝箔片压在一起；由多种材料复合而成的复合纸、特种加工纸也开始在蜂产品上应用，以解决塑料包装所造成的环境污染问题。

但是，环境温湿度对纸或纸板的强度有很大影响，气体、光线、油脂等对纸或纸板有一定程度的渗透性。通过适当的表面加工处理，可以为纸或纸板提供必要的防潮性、阻隔性、强度、物理性能等，扩大纸质材料在蜂产品中的适用范围。

可以用于蜂产品包装的纸质材料有以下几种。

（1）牛皮纸（Kraft Paper）。牛皮纸机械强度高，有良好的耐破度和纵向撕裂度，而且富有弹性，防潮性和印刷性良好。在蜂产品中可用于销售包装，如礼盒纸袋（图3-161）。

图3-161 蜂蜜硬盒、纸袋礼品包装

（2）羊皮纸（Parchment Paper）。羊皮纸具有良好的防潮气密耐油性和机械性能。在蜂产品中用于包装蜂蜜产品和糖果类产品的小包装。

（3）鸡皮纸（Wrapping Paper）。鸡皮纸是一种单面光的平板薄型包装纸，有较高的耐破度、耐折度和耐水性，光泽度好。在蜂产品中多用于印刷产品标签。

（4）箱纸板（Case Board）。箱纸板是以化学草浆或废纸浆为主的纸板，以本色居多，其表面平整光滑、纸质坚挺、韧性好；有很好的耐压、耐撕裂、耐折叠的特性。蜂产品转运时需要的纸箱多用这种材料，也用作外包装及内包装纸隔板。

另外，滤纸具有防水及高度的呼吸力，透气性好，霉菌不易生长，绿色环保的特性，可用于蜂胶胶囊剂、蜂王浆胶囊剂等包装瓶中硅胶干燥剂的包装。

6. 其他包装材料

（1）硅胶。别名硅胶凝胶，是一种高活性吸附材料，主要成分是二氧化硅，化学性质稳定。硅胶在蜂产品包装中的应用主要是两种：一种是直接与蜂产品接触的，如瓶口的硅胶密封圈；或硅胶阀挤压式瓶盖（图 3-162）。挤压瓶体时，蜂蜜便顺流而下，停止用力，硅胶阀会自动反弹，阻止蜂蜜流出。这是运用仿生的设计方法，模拟蜜蜂口器中舌，由蜜蜂吸取花蜜的形态可见，蜜蜂的舌由上而下运动，也起到阻塞的作用。

随着生活节奏的加快，人们的生活习惯有了很大改变，蜂产品陪伴人们在家里、办公室、学校，甚至交通工具上，这种变化对蜂产品容器结构中防漏、易取的要求越来越高。

图3-162 硅胶阀瓶口

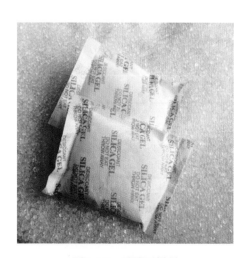

图3-163 硅胶干燥剂

另一种是不直接与产品接触的，如用滤纸袋包装的细孔球型硅胶干燥剂（图 3-163），主要用在蜂产品深加工口服制剂（片剂、胶囊等）的瓶内包装中，可以保证内容物品的干燥，防止各种杂霉菌的生长。硅胶干燥剂是透湿性小袋包装的不同品种的硅胶，主要原料硅胶是一种高微孔结构的含水二氧化硅，无毒、无味、无嗅，化学性质稳定，具强烈的吸湿性能，是一种高活性吸附材料。通常是用硅酸钠和硫酸反应，并经老化、酸泡等一系列后处理过程而制得。硅胶属非晶态物质，其形状为透明不规则球体，其化学分子式为 $mSiO_2 \cdot nH_2O$。

（2）布袋。布袋包装没有其他包装常见，但有的厂家会根据市场的需要做一款或几款使用布袋包装的瓶装蜂蜜，这样做不仅仅迎合了消费者的需求，也满足了市场对蜂蜜包装的多样性需求。布有棉布、麻布、帆布等，配上合适的绳子，带穗或不带穗，在高档蜂蜜的外层包装中可见（图3-164）。

（3）复合材料。还有一些包装中用到复合材料，为达到包装效果，通常由多种材料组成，如压敏垫片（图3-165），又称感压垫片，由压敏胶和PS发泡密封垫片组成，在外力作用下能粘贴在瓶口处，起到密封保鲜的作用。为单片式，无铝箔，于常温下靠瓶盖锁上的压力提供密封功能。适用于玻璃瓶、金属瓶、塑料瓶，瓶内为固体干性食品或药品的包装压敏垫片不像铝箔封口垫片那样需要设备来热封，只要在一定压力下，经过一定的时间，就可以自动封口了。

（4）功能性包装材料。是通过包装局部图形色彩或整体图形色彩的变化，使消费者轻松辨别

图3-164　拉绳布袋

图3-165　压敏垫片

产品的新鲜保持程度。将功能材料运用于包装中，尤其是食品包装中很少见。功能材料型智能包装的实现，需借助最新的材料和前沿技术。包装中所运用的材料价格较昂贵，技术成本也较高，将功能材料型智能包装应用在蜂产品领域中，会产生智能技术的成本与包装成本的矛盾。相信随着材料技术与生产工艺的不断改进，成本问题得到解决，功能材料型智能包装将广泛用于蜂产品中。

三、包装形式

按流通过程中的作用分类，蜂产品的包装可分为销售包装和运输包装。销售包装不仅具有保护产品的作用，而且更注重包装的促销和增值功能，通过包装设计手段来树立商品和企业形象，吸引消费者、提高商品竞争力。一般能放在货架上销售的包装形式，体积较小，如瓶、罐、盒、袋或其他组合包装。运输包装即以运输为目的，方便储运装卸、方便交接点验。一般能够直接放置在仓库或者运输的包装，体积较大，如纸箱、塑料周转箱、塑料大桶、金属大桶、托盘、集装箱等。其中纸箱包装，是蜂产品包装中最多用到的包装形式，设计这类包装形式的结构时，要依据蜂产品的商品性质（如预包装重量、包装尺寸、易碎、怕压等）和贮运条件（如堆积

高度、搬运条件等）。蜂蜜产品的包装一般多为250～2 000g/瓶，在设计外包纸箱时，要考虑纸板材料结构性质、箱内瓶间水平压力、整箱重量等要素，同时加纸隔板等内包装，防止在包装强度不足时引起包装破坏；防止运输装卸中，水平方向的压缩引起的包装破坏；防止包装箱跌落时，轴向拉伸引起的包装破坏。运输包装的造型不能过于复杂。在设计时都要求能拼组成方、圆体形，并避免留有空隙，以减少内部松动而互相挤撞，尽量增加耐冲击和抗压性能，减少包装的体积，节约包装材料和运输贮存费用。对易碎商品的包装，在造型结构上，要准确并增加衬垫予以保护。

按照包装结构形式分类，在蜂产品包装中可分为泡罩包装、便携包装、托盘包装、集合包装等。泡罩包装主要适用于蜂胶胶囊、蜂胶片等的包装。便携包装多配合销售包装，方便消费者携带。托盘包装和集合包装多用于进出口或大型物流运输。

按照包装质地分类，可分为硬质包装和软包装。硬质包装是传统蜂产品包装中的主要形式，一般用玻璃、陶瓷、硬质塑料等材料制成。软包装在蜂产品包装中一般用纸、塑料或复合包装材料等制成。这种包装形式在蜂产品包装中越来越多，环保、轻便、成本低的包装材质值得被广泛推广应用，如外包装布袋、小袋装蜂蜜、蜂王浆（图3-166）。

按包装使用的次数分类，在蜂产品中分为一次性包装和可重复利用包装。一次性包装是指包装不具备重复使用的价值，比如小袋装的蜂产品、塑料瓶、一次性纸盒等。可重复利用包装是包装用过一次后，不进行处理或经过适当处理后仍然有使用价值和功能，如一般包装蜂蜜的玻璃瓶、周转箱、托盘包装等。

图3-166　小袋装蜂蜜、小支包装蜂蜜

按蜂产品的销售对象分类，可分为出口包装、内销包装等。

按包装技术方法分类，适用于蜂产品的包装有防潮包装、无菌包装、缓冲包装等。

按包装的造型分类，蜂产品的包装造型包括盒、瓶、袋、桶几种。盒有纸盒、塑料盒、金属盒等，其中，纸盒更多见。盒的造型有方形、圆形或异形。造型结构有摇盖、天叩地盖、开窗、手提等。在纸盒的用料上，根据内包材料的易碎程度，采用抗压、防震措施和在纸盒内壁加涂层，使其具有防潮、防漏、防热和不易破碎等特点。瓶有塑料瓶、玻璃瓶、陶瓷瓶等，一般造型为圆形，少数方形或六边形，圆形的表面张力比方形的大，瓶口、瓶颈等设计灵活多样，可提高商品的使用价值。袋有纸袋、塑料袋、布袋等。纸袋的造型多为方形或长方形，结构有单层、多层之分，接口方式有轧合、粘合、钉合等多种，纸袋包装具有成本低、印刷效果好等特点。塑料袋品种较多，有重量轻、柔软、化学稳定性好等特点，可以封闭袋口，也可以不封闭袋口。布袋包装是近些年兴起的包装方式，有纯棉、涤棉、麻布、亚麻等多种面料种类，具有柔软、易印刷、易定制、不易破损等特点，不同的设计有不同的文艺特征，能反复利用，还能起到缓冲的作用，是当下很时尚的一种包装形式。桶有金属钢桶、塑料桶等，在蜂蜜运输中钢桶的使用逐渐减少，塑料桶成为大宗原料运输的主要包装形式。

　　蜂产品的非传统包装。近些年，市场上蜂产品的包装形式越来越多样化，从传统包装中走出来，多了些更便捷、更卫生、更人性化的设计，如小袋软包装蜂蜜（图3-167）。独立包装，一次一支；带在身边，蜜不沾手；干净卫生，拒绝浪费，符合现代人的生活习惯。

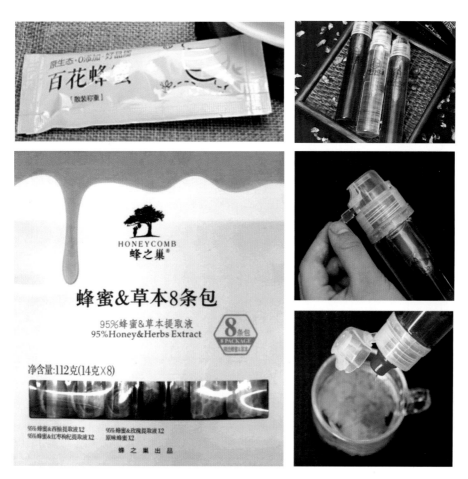

图3-167　小袋装蜂蜜、小支包装蜂蜜

四、标签（标识）

随着市场经济和国际贸易的发展，包装标准化越来越重要。了解和掌握国家和国际上关于包装的标准，有利于参与国际市场竞争；让标准化、规范化过程贯穿整个蜂产品包装操作过程，保证蜂产品的包装在原材料供应、商品流通、国际贸易等环节顺利进行。蜂产品标准化生产是农业结构战略性调整的一项基础性工作，对实现蜂业产业化、集约化和现代化具有重要意义。蜂产品生产标准化不仅是发展蜂业产业化的需要，也是现代化蜂产品生产的一个重要特征，代表着现代蜂产品生产发展的方向。

1999 年，中华全国供销合作社发布了《GH/T 1015—1999 蜂蜜包装钢桶》，对蜂蜜的贮存、运输用的圆柱形钢桶和蜂蜜小型包装进行标准规定。1998 年，中华全国供销合作社发布了《GH/T 1001—1998 预包装食用蜂蜜》，标准中对天然原蜂蜜经加工、预包装的食用纯蜂蜜的标志和包装进行了规定。2008 年，国家质量监督总局和国家标准化管委会联合发布了《GB/T 19330—2008 地理标志产品 饶河（东北黑蜂）蜂蜜、蜂王浆、蜂胶、蜂花粉》对蜂产品的标签、标志、包装等进行了规定。

以上标准，对国内"三品一标"的蜂产品标签内容进行了规定。但是，内容相似，针对性不强。

标贴是包装上一种标明商标、品名、生产者等，并用以装潢处理的平面单元。标贴类型可分为盖贴、瓶贴和封口贴等，也有吊牌式的处理形式。在标贴设计上，应结合容器的特点，运用图形、色彩、文字配合部位、数量、外形的变化等进行设计。标贴一般属于不干胶材质，按其表面材料可分为纸张类、薄膜类和特种材料类。在标贴上印刷商品条形码，是一种为产、供、销信息交换所提供的共同语言，它将世界各地的生产制造商、出口商、批发商、零售商和顾客有机地联系在一起。条形码已成为国际商品包装一项必备的内容。

在网络信息迅速传递的当下，我们可以随时拿出手机，扫描条形码获取产品信息。条形码的技术已经相当成熟，在商品零售、物流、邮政等许多领域得到了极其广泛的应用，但由于其所带信息长度有限，所包含的商品信息也有限。二维码又称二维条码，是近几年来移动设备上流行的一种编码方式，它比传统的条形码能存更多的信息，包括产品说明书（品种、生产时间、蜜源地、蜜源植物、生产商、合作社、蜂场信息等），产品批次（成品批次、半成品批次、原料批次等），理化性质分析等内容。如今在很多蜂产品的标签上都印刷了二维码，消费者通过扫描二维码可以追溯产品质量信息；可以浏览生产厂家网站，关注其公众号；可以查验产品真伪，打击假冒。二维码追溯体系在很多农产品中使用，让消费者了解农产品从田间到餐桌各个环节的信息，是顺应历史潮流，也是满足消费者对农产品质量安全知情权的体现（图 3-168）。

图3-168 条码、二维码商品标签

五、包装与标识的综合应用

现代包装已不再是单纯地作为商品的附属，而是与商品有机地合为一体，成为商品的一个重要组成部分。消费者在同类商品中选购时，往往是根据造型结构、装潢精美与否等来决定的。因此，包装造型结构设计、包装装潢设计越来越受到人们的重视。一个良好的包装应具备如下要点：①包装要做到保护商品，包装设计必须考虑及估计包装本身的牢固性；②包装设计要充分表现商品的内容和性质，做到包装与商品同一化，表里一致；③要注意商品名称的定位，字体的形状要易读、易辨、易记忆；④包装造型要独具风格，使消费者有新颖的观感；⑤在与同类商品竞争时，要具有鲜明的识别能力，要有恰到好处的定位；⑥要能刺激消费者的购买欲；⑦要具有货架或橱窗内陈列和总体展示的效能，对商品宣传计划要有协调作用；⑧色彩的运用要与商品的品质、类别、份量相互吻合，达到统一和谐的效能；⑨要充分考虑到商品运输与储存条件；⑩要考虑能源消耗与环境保护的因素。各类蜂产品的包装设计都应遵循各自的原则。

蜂产品的包装造型结构设计，总的要求是要便于运输贮存，便于陈列展销，便于消费者使用和具有艺术吸引力。在具体的设计中，运输包装和销售包装有各自的侧重点。个性鲜明的蜂产品包装有助于不同消费群体在相同类别的商品包装面前决然判断，既节省时间又方便消费。

蜂产品的包装设计在现代设计工业的影响下，从初始的陶瓷罐、塑料罐开始，受到时尚引导、材料革新等一些新兴认知理念的导向，把玻璃这种硬质、透亮的材料，作为一种高级的包装形式投入使用。通过瓶盖上的蜂巢设计、标签上的蜂蜜图片，瓶身上的蜜蜂造型等，将消费者带入产品中。安全和环保是一切包装设计的首要元素。轻质的无硫玻璃瓶，环保耐用、易携带、虽不可降解，但可反复应用。这种美观、亲和的包装形象，更加贴近现代人们的审美和认识。

包装是企业文化形象的积累和反映，是企业营销策略的重要组成部分，蜂产品的生产企业，通过包装设计，传达给消费者不仅是企业名称、商标、标志、品牌特色以及成分、食用方法等商品说明信息，还包括产品品牌的内涵、文化的融入等。蜂产品的特殊性，决定了产品与包装成为一体，是紧密联系不可分割的。所以，通过包装来促销，提高商品的附加价值，以包装为载体将蜜蜂文化承载其中，增加蜂产品中蕴含的文化概念，是实现产品差异化的最有效途径。如个性化的小袋装蜂蜜、优质蜜源产地的蜂蜜、蜜蜂科普知识解读、产品溯源介绍等，拉近消费者与自然之间的关系。

蜂产品包装的结构设计、造型设计与装潢设计之间，具有一定的相互关系。①关联性。包装结构、造型与装潢设计的关联性，指它们在包装设计这一相对独立的系统中，不是一般的堆砌，而是相互作用、相互联系的有机组合，不能理解成为三个要素的简单相加。比如折叠纸盒包装的主要展示面和次要展示面的设计安排，不能影响外观还要方便消费者取用。②共同目的性。如果把包装设计看成一个系统，它就是一个有机的整体，整体性是其最基本的特征。包装设计系统整体的特征和功能不能归结为结构、造型和装潢设计 3 个子系统的特性和功能的总和，而是三者有机结合后的系统整体，具有新的特性和新的功能。这些新的特性和新的功能是孤立的子系统所不具有的，只有系统整体存在才能表现出来。也就是说，三者有机合成包装设计后的整体功能大于其孤立状态下的功能总和。比如折叠纸盒包装设计中，其结构具有容纳和保护两个性能，装潢具有显示性，造型具有陈列性。只有结构、造型、装潢设计有机结合起来，才能淋漓尽致地发挥包装设计的全部功能和作用。换言之，三者之所以需要紧密的有机联系，关键在于共同的功能和目的，都是为了有效地实现包装设计的功能和作用。其实质是物质功能和精神功能的有机结合，科学原理与美学原理的有机结合，技术工艺与艺术创造的有机结合。包装结构、造型与装潢设计是在包装设计中同一层次的子系统，不分主次、相辅相成，一荣非俱荣，一损却俱损。但是，在同一层次中，它们又相对独立，彼此影响，存在差别性。结构设计是造型设计和装潢设计的基础，不同的结构设计对包装的外观有直接的影响，每一个创新的结构设计同时也要求有一个创新的造型和装潢设计。同一个结构设计可以配合不同的外观设计，但不能以外观设计为基础来改变结构设计。因为作为基础的结构设计问题复杂，可变动性较小，而位于基础之上的造型和装潢设计表现手法多，具有较大的灵活性。但造型和装潢设计可以促进结构设计的适度调整。

仿生设计以仿生学为基础，以自然界中生物的外形、结构、颜色、功能等为研究对象，为设计提供仿生的设计思想、创意思路和系统架构。这种设计形式新颖具有亲和力，在各个领域用途广泛，在包装设计上的运用也具有广阔的前景。近些年一些蜂蜜的包装设计，借鉴了国外品牌的设计方式，采用仿生设计手法，以蜜蜂的形态进行元素提炼、形变，成为自身的品牌特色。有的在包装结构上，通过运用仿生设计的手法，模拟出蜜蜂蜂巢的内部结构和外部形态，进行包装容器及结构的设计。有的在包装视觉上，采用模拟蜜蜂生存环境的色调，以此突出品牌原生态纯天然的品牌特点。

仿生设计在包装上的运用，能带给消费者视觉和触觉的双重感受，使得产品形象一目了然。在给消费者留下深刻印象的同时增加了商品的附加价值。仿生设计是以自然、怡人等特点带给人们清新、放松的感受，消费者的感受达到物质和精神的双重满足。英国的WAITROSE蜂蜜（图3-169），标签上HONEY字母"E"由蜜蜂尾巴的3条黑色保护色变形而来，通过对蜜蜂的仿生形态的抽象化处理，非常巧妙且极具趣味性。

图3-169　WAITROSE蜂蜜

产自马来西亚的仙萃蜂蜜饮料，积极创新，外观精致，快捷方便，扭一扭，拍一拍，摇一摇，就是一瓶蜂蜜饮料（图3-170）。这种包装设计解决了蜂蜜水保质期的问题，受到很多年轻人的喜爱，在网络上广泛传播，被称为"网红蜂蜜水"。

图3-170　仙萃蜂蜜饮料

原产于美国得克萨斯州的"钻石小溪"牌三叶草蜂蜜，采用了防火熊——"斯摩基熊（Smokey Bear）"的包装设计（图3-171）。"防火熊"的卡通形象于1940年诞生于美国，是一头壮实、老实、看上去有点憨厚的卡通棕熊，头戴公路巡警的礼帽，目的是提醒公众预防森林火灾以及其他野外自然灾害的重要性，也被称为"斯摩基熊（Smokey Bear）"。"钻石小溪"采用防火熊的形象设计是因为钻石小溪的蜂蜜都来自

图3-171　钻石小溪（Diamond Creek）斯摩基熊儿童蜂蜜

原始森林，是天然品质蜂蜜；采用此形象设计，让大家保护大自然的同时也享受天然的产物。

就蜂产品包装来说，解决好蜂产品和包装的合理定位问题，优先采用高新包装技术和高性能包装材料，在保证蜂产品食用价值的前提下，尽量减少包装用料和提高重复使用率，降低综合包装成本；同时发展绿色包装、生态包装，把包装对生态环境的破坏降低到最低程度，也是行业规范蜂产品标准的重要课题。

蜂产品包装设计普遍存在几个问题：缺少创意，缺乏美感；品牌不强，没能提高消费者的购买欲望；包装标识的规范性建设方面力度不足。且目前蜂产品质量参差不齐，部分消费者反而对最简单包装的，能够从蜂场直接购买的蜂产品更加推崇。这对规范蜂产品行业，控制蜂产品质量也是一个重要思考。

第九节　水产品包装标识要求与应用示例

包装既可保护农产品原形，又可提升其经济价值和使用价值。无论在国内市场或在国际市场，农产品包装是市场竞争制胜的法宝。近年来，我国水产业发展突飞猛进，众多水产品不仅满足了国内市场需求，而且很多水产品还出口到了国际市场，带来的效益令人欣喜。但是，我国水产业还存在食品包装机械与国外产品差距大，科研开发能力低，忽视食品包装，卫生监管不足等问题。我国出口的水产品中，每年因包装不合格而导致的损失高达数十亿美元，这一数字在近几年还呈上升趋势。水产品包装是渔业生产过程中最后的环节，是不可忽视的重要的工艺过程，无论对于内销还是出口，都非常重要，应该予以高度重视。

水产品标签标识除了通用性的标签内容外，水产品认证标签也很重要。国内水产品标签标识现有的认证方式主要为"三品一标一规范"，即无公害农产品、绿色产品、有机产品和地理标志保护产品，以及良好农业规范（GAP）认证农产品。2005年11月ChinaGAP认证系列标准通过审定并公布，2006年1月CNCA公布了《良好农业规范认证实施规则（试行）》。最新版良好农业规范认证实施规则编号为CNCA-N-004：2014，按实施规则，工厂化、网箱、围栏、池塘养殖基础等均可申请认证。大多数水产品消费者和经营者，尤其是欧美的零售商越来越注重水产品的品牌和食品安全认证，他们把是否经过权威机构认证作为选择水产品的重要标准之一。国际上通用水产品认证的知名机构主要有：MSC（可持续海产品认证）、ASC（负责任的养殖水产品认证）、BAP（最佳水产品养殖规范）和GAA（全球水产养殖联盟）等。为了确保国内产品的质量安全性和可追溯性，应规范水产品的认证标识。同时为了便于进出口贸易往来，应积极参与国际通用认证并使用其标签。

一、水产品对包装的基本要求

水产品根据其保存条件主要分为活鲜、冰鲜、冻鲜和干鲜水产品。在对水产品进行包装时，需要考虑水产品的生物特性、保存条件、保存时间和包装目的等因素，采用适当的产品包装方法和技巧。

（一）活鲜水产品

活鲜水产品包装的目的是保持水产品在流通过程中较长时间存活，以保持其营养及风味。活鲜水产品对包装的基本要求主要包括以下几点。

- 保持水质的清洁。
- 包装容器中必须要有充足的氧气。
- 使鱼类处于休眠或半休眠状态。
- 减少震动，防止挤压碰撞。
- 保持较低温度。

（二）冰鲜、冻鲜水产品

冰鲜、冻鲜水产品水分含量较高，蛋白质和脂肪含量丰富，包装不当极易腐败变质，鲜味及新鲜度大打折扣，应该通过合理的包装来防止水分的蒸发和细菌的二次污染，尽量减少水产品脂肪的氧化变质，防止气味污染。

冰鲜、冻鲜水产品对包装的基本要求如下：

- 包装材料对产品不得有任何的污染，哪怕是气味的污染。
- 包装材料应该具有良好的气密性和透气性，能够有效地防止气体的内外污染及防止产品氧化而产生的酸败。
- 包装材料应该具有良好的水蒸气和挥发物质的隔绝性能，能够在低温冷藏条件下防止水分的蒸发。

● 包装材料应该便于采取热封工艺。

● 包装材料的选用以及包装的结构设计应适用包装技术的要求，优化包装性能，降低包装的成本。

● 产品的包装设计应该美化产品的形象，富有吸引力，达到促进销售的目的。

（三）干鲜水产品

干鲜水产品是采用干燥或者脱水方法除去水产品中的水分或配以其他工艺（调味、焙烤、拉松等工艺）制成的一类水产加工品。其优点是保藏期长、重量轻、体积小，便于贮藏、运输及销售，干鲜水产品的包装基本要求是防潮，即食干鲜水产品还要进行无菌化处理。

二、包装材料

水产品包装材料是食品包装材料的一种，是为了在运输、贮藏及销售水产品时保护其原有状态及价值，起到在流通过程中保护水产品、方便储运和促进销售的作用。水产品包装材料主要包括玻璃纸、铝箔、塑料、复合材料等。

（一）玻璃纸

玻璃纸是一种透明度最高的高级包装纸，又称纤维薄膜（引自《水产品市场学》）。它是由再生纤维制成的，主要特性是质地非常紧密，能够隔绝外界气体对食品的污染；细菌不能够穿透，可以隔绝外来细菌的污染；低温时仍然具有足够的强度、透明美观，包装工艺操作性能良好，成本低廉等（图3-172）。通常情况下，加以涂塑来改善玻璃纸的耐湿性。

图3-172 玻璃纸包装材料（鱼肉松面包）

（二）铝箔

铝箔（图3-173）的特性是防潮性、气体隔绝性和遮光性等性能优异、加工成型性好、耐热性和

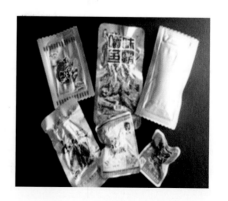

图3-173 铝箔包装材料

导热性良好等。铝箔又分为硬质铝箔和软质铝箔。铝箔可与纸张或塑料薄膜制成复合材料，能够改善纸和塑料薄膜的隔热性能。用它包装鱼类产品时可直接与鱼接触，而且无污染、不透气、不散失水分和鲜味，在蒸煮温度和冷冻条件下都具有柔软性。

（三）玻璃

玻璃包装材料（图3-174）具有良好的气体阻隔性能，可以很好地阻止氧气等气体对

图3-174 玻璃包装材料

内装物的侵袭，并且可反复多次使用，降低包装成本。玻璃包装材料还具有很好的透明度，很适合用来生产销售包装。同时，玻璃包装材料有良好的耐腐蚀能力和耐酸蚀能力，以保障食品包装的安全卫生。

（四）塑料

水产品包装常用塑料有聚乙烯（PE）（图3-175）、聚氯乙烯（PVC）和聚偏氯乙烯（PVDC）。其中聚乙烯是由乙烯加聚而成的高分子化合物，这是一种广泛应用的塑料，主要有低密度聚乙烯（LDPE）、中密度聚乙烯（MDPE）、高密度聚乙烯（HDPE）3种产品。低密度聚乙烯结晶度低，硬度小，软化点低，抗张强度较差，容易划破，气密性较差；中密度聚乙烯的防潮性、遮光性比低密度聚乙烯要好，耐热性较好，耐寒性好，可作为食品冷冻包装袋，但是单膜用于包装食品时保存期不宜过长；高密度聚乙烯可吹塑成为瓶子等中空包装容器，也可以制造成

图3-175 聚乙烯塑料包装材料（干品）

为薄膜，薄膜为乳白色，表面光泽较差，坚韧耐撕，耐寒耐热耐油性优良，无味，无毒，防潮，透气性好。但是，无论是低密度聚乙烯或高密度聚乙烯，其透氧率都比较高，因此不能够单独用作真空包装材料，不能阻止氧气对鱼类产品脂肪的氧化腐败。

聚氯乙烯呈淡褐色，透明，韧性好。纯的聚氯乙烯是很好的耐油脂材料，其机械强度、耐磨耐压性优良，抗水性、气密性、热封性好，印刷性良好。其主要缺点是热稳定性能差，受热会引起不同程度的降解。含有增塑剂的聚氯乙烯，性质比较柔软，但是会降低其隔绝性能；不含增塑剂的硬质薄膜，没有增塑剂的异味，不容易硬化、老化。由于聚氯乙烯中含有不同程度的氯乙烯单体（VCM），其含有毒成分，所以规

定氯乙烯单体含量应该低于 0.5mg/kg，才不会有毒性污染。

聚偏氯乙烯（PVDC）又名聚偏二氯乙烯，是偏二氯乙烯的均聚物，它无毒、无味、透明。聚偏氯乙烯与其他塑料薄膜相比，其透湿性和透气性小。其突出的性能是透氧率低，对于氧敏感的鱼类食品，可以采用聚偏氯乙烯的薄膜包装，或者用它来涂塑其他材料，以达到隔绝氧气和防湿的效果，从而防止脂肪氧化、减慢酸败。PVDC 还可以制成热收缩薄膜，耐寒性极好，适用于低温冷冻鱼类的包装。

（五）聚酯

聚酯是对苯二甲酸与乙二醇的缩聚产物，与其他塑料相比，具有优良的阻隔性能，如对二氧化碳、氧气、水和香味的隔绝性；还有很高的抗压、耐冲击性和强度，抗化学性能好，透明度高，耐热和耐寒性好，既可用于蒸煮袋材料，也可用为冷冻水产品的包装材料，并且也可以制成热收缩薄膜，表面喷镀金属，装饰效果极好。

（六）纸板

包装生鲜水产的纸板，通常采用的有单面白纸板、瓦楞纸板等（图 3-176），纸板一般制成纸板箱，广泛用于冷冻生鲜产品的包装和运输包装，其挺度大、物理机械性能好、生产速度快、搬动方便、保护性能好，而且美观。

图3-176　纸板包装材料（左为瓦楞纸板，右为白纸板）

（七）复合材料

目前很难找到一种单一的材料来满足水产品包装的多功能要求。基于这一现状，包装工业已经开发出并采用多种复合材料来满足各种食品包装的需求。复合材料一般都有较好的气密性、防潮性、隔氧性、遮光性、保香性以及耐寒耐热性，因而可以延长食品的保存期；具有良好的抗张强度、耐冲击度、耐压度、耐撕裂度等性能；具有较好的透明度、平滑度、适于造型、印刷；复合材料便于使用，可替代部分金属，其质量轻，易于携带，易于开口启封。

三、包装形式

水产品包装容器根据包装功能不同，可以分为运输包装容器和销售包装容器。

（一）运输包装形式

水产品的运输包装主要是以满足运输、方便装卸、易于储存水产品为目的，首先起到保护商品的作用，其次起到方便流通的作用。水产品常见的运输包装形式主要有以下几种。

1. 木箱

木箱作为早期的水产品运输容器，具有成本低、强度高、便于制造等优点，但是由于木箱易吸水、易交叉污染、防潮防漏效果差等原因已逐渐被其他材料所代替。

2. 瓦楞纸板箱

纸包装是目前被公认的可再生利用和加工效果好的包装，且有资源相对丰富、易回收、无污染的优点。瓦楞纸板箱（图3-177）较之木箱，具有印刷性好、成本低、保温性好以及轻便等优点。多数的鲜鱼包装用的纸箱，都经过防潮和防漏处理。更完善防护效果的纸箱内侧衬垫一层隔热的材料（如聚苯乙烯泡沫塑料板）。如果流通环境的温度很低，纸板箱则可免用隔热（保温）层。隔热性能良好的纸箱所消耗的冰块也较少。

图3-177　瓦楞纸板箱

3. 纤维板箱

纤维板箱由硬质纤维板制成，板的两面复合以牛皮纸。牛皮纸是与聚乙烯薄膜复合的，以改善其防水性能。纤维板心部也含有增水剂（或疏水剂），因此吸水率很低。板的厚度根据木箱的大小而异，箱底开有排水孔。为了增强纤维板箱的防水性能，需要事先经过聚乙烯涂塑或涂蜡处理，印刷应在涂塑之前进行。纤维板箱有时采用瓦楞纤维板制成，同样也是防水的。包装熏制水产品用的纤维板箱，对防水性能要求不高，产品事先用牛皮纸或聚乙烯薄膜纸包裹，然后装箱，以达到防潮和防油效果。有的纤维板箱，既可包装冷冻水产品，也可用来包装熏制水产品。

4. 塑料箱

水产品使用的塑料箱，多数是由高密度聚乙烯塑料注塑成型制成的（图3-178）。

因为高密度聚乙烯塑料的低温冲击韧性比聚丙烯好，也具有足够的刚度。塑料箱便于清洗，无异味，外观整洁美观，便于搬运，不吸水，重量轻而稳定，装满产品时堆栈稳当，空箱可以套叠，节省空间，隔热性能优于铝箱，便于设置排水槽，底部可直接同时制出底脚或横条，便于叉车搬运和安装托盘运输，搬运时噪声很小，能适应 −40℃ 低温冷藏而不脆裂。

图3-178　塑料箱

5. 聚苯乙烯泡沫箱

聚苯乙烯泡沫箱结实且质地轻盈，隔热性能好，可以用来在日常气温下运送预冷商品（图3-179）。但这种容器也有缺点，如果遇到过大的突发力，会破裂或压碎。同时，由于不便清洗、初次使用会使表面变形等原因，使这种材料制成的容器不能二次使用，造成使用成本过高和对环境压力大。对冰鲜、冷鲜水产品，在没有冷藏车运输的情况下，可选用泡沫箱包装，内加冰降温，以便保持运输途中的低温环境。

图3-179　泡沫箱

6. 铝合金箱

通常采用耐盐水腐蚀的铝合金制造。有的是冲压加工，有的是由单片组合的。组合式鱼箱有用焊接工艺的，也有的是铆接组合的。铆接结构由于缝隙较多而容易积蓄灰尘污物。箱板有凸肋，以提高刚度和抗弯曲能力。顶部边缘采取翻楞结构，并设有排水槽。这种铝合金鱼箱，空箱可以套叠，节省空间。一般的使用寿命可达 8 ～ 10 年。其优点是，从使用寿命核算，铝箱的成本并不算高，便于焊接修复，便于清洗，没有异味，作为食品包装容器，美观干净；铝箱装满水产品后，堆码稳当，轻巧，搬运方便，重量稳定不变。铝箱的缺点，如果清洗不当，容易腐蚀并隐藏细菌，搬动时噪声太大，特别是空箱互相碰撞，噪声更大，隔热性能差，容易将外界的高温导给产品，加快其腐变速度，如果搬运不当，猛烈冲击时，易从边角处开裂。

7. 运输车、运输船

活鱼运输车是现代化的活鱼运输工具，也可看作水产品活体的运输包装容器（图3-180）。其主要设备包括箱体系统、增氧系统、动力系统。箱体系统分为敞开式和封罐式两种，前者为方形或长方形水箱，后者为油罐斜水箱，材料有钢、铝、铜、不锈钢、玻璃钢等。增氧系统有喷淋式、纯氧式、充气式、射流式等。动力系统包括发电装置、专用副机和主机传动装置等。活鱼运输船同活鱼运输车一样，既是运输工具又是运输包装容器，船体分大、中、小3种，船内分几个活水舱，舱底两侧开圆孔，孔径约2厘米，用麻布或尼龙网布遮拦，使水能进出船舱，而鱼不能外逃。运输时，由于船行驶过程中，水体不断从船底两侧小孔流入舱内再排出，使舱中水体得到交换而经常保持清新，达到活水运输的目的。

图3-180 鲜活鱼运输车

（二）销售包装形式

销售包装主要以满足销售的需要为目的，一般要与商品直接接触，随同商品卖给顾客。销售包装除了直接保护商品外还要能够美化、宣传产品，便于商品陈列及顾客识别选购、携带。

1. 塑料包装容器

塑料容器在水产品的销售包装中应用最为广泛，常见的有托盘（图3-181）、塑料袋、塑料网袋和塑料罐。托盘一般用来盛

图3-181 塑料托盘包装容器

装冰鲜水产品，上面用保鲜膜覆盖卷裹，如鲜鱼、鲜虾、生鱼片等。使用托盘包装时，要视水产品外形的大小，选用合适的规格及形式，否则不但影响观瞻，还会浪费成本。为了达到促进销售的效果，可以在托盘中加入佐料包，或者在包装上贴上写有烹调方法的红贴纸，都能更加吸引消费者。塑料袋在包装水产品时常被用作真空包装的容器，可用来包装水产风味小食品、干咸制品、冷鲜、冷冻品。塑料袋既透明又便于印刷，展现产品的同时也能够通过印刷来美化包装。塑料网袋一般用来包装贝类水产品的活体，可防止因窒息死亡而产生腐败的缺陷。如文蛤，可用塑胶网袋的方式包装。硬塑容器多用作水产品罐头包装，一般装有带有拉环的金属盖或罐口热封有铝箔层压薄膜。后者与常用的金属罐相比，其优点在于只要撕去铝箔层压薄膜，便可以用微波炉加热。塑料罐可加工成各种形状与尺寸，使产品更具吸引力，并且不会腐蚀，当内容物开罐后一次吃不完时，可以再盖上放在冰箱中。这类容器与通常的镀锡罐相比，存在密封失败的发生率较高，所需加热杀菌时间稍长。

2. 金属包装容器

水产品的金属包装容器主要有以镀锡薄钢板（俗称马口铁）为材料的镀锡板罐以及以铝合金薄板为材料的铝罐（图3-182）。两者都是水产品罐头的常用包装容器。在马口铁罐内有必要在罐头内壁加上一层涂料以防止重金属污染食品。铝罐的主要形式是冲底罐，罐身和罐底为一体，由薄板直接冲压

图3-182　金属包装容器

而成，无罐身接缝与罐底卷封。与通常的镀锡罐有 3 个接缝相比，它只有 1 个接缝，因而具有密封性良好的优点。

3. 玻璃包装容器

玻璃容器具有很好的气密性和透明度，能够展示内容物，避免内容物与容器作用反应，可以用来包装一些价值较高的水产干制品，也可用作罐头制品的包装（图3-183）。市场上常见到将玻璃容器作为海参的礼盒包装或者鱼膏、鱼糊之类罐头食品的包装容器。玻璃容器的缺点是，加工费时，加工的冷却过程如不小心会发生爆裂，受机械撞击时易于破碎等。玻璃罐有多种类型，主要是它们的封口形式不同，常见的有卷封式玻璃罐、螺旋式玻璃罐、压入式玻璃罐以及垫塑螺纹式玻璃罐等。

图3-183　玻璃包装容器

4. 纸质包装容器

常见的纸质包装容器一般是纸盒（图3-184）、手提袋等，主要用作产品的外包装，起到美化产品、便于携带的作用。在纸盒内层通过涂蜡来降低水蒸气的透过率，达到保鲜的目的，如鲜虾的外包装一般采用涂蜡纸盒。纸盒容易造型、印刷性好，易于增进产品的展示效果。在纸盒表面还可糊裱绸、缎、皮革等并加上小工艺品装饰，用作贵重水产品的包装。

图3-184　纸质包装容器

5. 复合材料容器

复合材料的种类有很多，常见的水产品复合材料容器为采用基材为聚酯或尼龙、铝箔、聚烯烃复合薄膜（薄膜间用黏合剂层压）的蒸煮袋（图3-185），也可采用中间不用铝箔的聚酯、尼龙、聚烯烃复合薄膜制成的蒸煮袋。聚酯能耐高温蒸煮，从抑菌角度看，食品可得到较长时间的保存，氧气、水、光线等不能透过，内容物色、香、味优于镀锡薄板罐头。由于使用铝箔，具有银色的外观，能增强印刷效果，适宜装原汁蛤肉、清蒸蟹肉、油爆虾等水产食品。尼龙、铝箔、聚烯烃复合薄

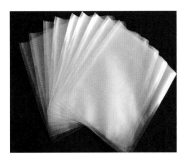

图3-185　复合材料（蒸煮袋）

膜也可高温杀菌，但从抑菌角度看，食品保存期短，薄膜袋有一定的透明度，内容物可见，不能避光，易受氧气等影响，适宜装熏鱼、鱼糜糕等水产食品。

四、标签（标识）

（一）基本原则

1. 合法合规

水产品包装标签标识的所有内容应符合国家法律、法规和相关标准的规定。

2. 真实

预制水产品标签标识的所有内容应真实准确，与销售的产品相符。

3. 规范

● 水产品标签标识的所有内容应清晰、醒目、持久、易于辨认和识读。
● 应科学准确、简明易懂。

●应使用规范的中文。

以下情况时可只标注外文：

a.注册商标。

b.进口水产品的国外制造者名称、地址和网址。

可以同时使用汉语拼音或外文，但应与中文有对应关系，所有汉语拼音或外文不得大于相应的中文。

c.水产品标识标签的所有内容不得以错误的、引起误解的或欺骗性的文字、图形等方式介绍水产品；也不应利用字号大小或色差误导预制水产品使用者。

d.水产品标识标签的所有内容不应以直接或间接暗示性的语言、图形、符号，导致预制水产品使用者将购买的预包装的预制水产品的某一性质与另一产品混淆。

4.完整

预制水产品标识标签应包括安全标准所规定的强制标注内容和根据产品特点需标注的内容。

（二）标识内容与要求

水产品标识的内容应包括产品名称、类别、净含量、质量等级、原产地、规格、生产日期和生产者（销售者）及其地址、联系电话等。推荐标注注册商标、认证标识、追溯标识、食用方法、适宜人群、批号。

1.产品名称与类别

在水产品标签的醒目位置，清晰地标注反映水产品名称与类别。

●产品名称应使用国家标准、行业标准规定的名称。应反映水产品真实属性的专用名称，在使用商品名称或俗称时，应同时标注专用名称。

●表明来源属性的类别，包括内陆养殖、内陆捕捞、海水养殖、海水捕捞。

●表明商品属性的类别，包括鲜活、分割、冷鲜、冷冻、干制、即食、盐渍、熏制、烤制等，包括鱼类、甲壳类、贝类、藻类、头足类及两栖爬行类等。

●若包装内为多种水产品混装，应标明"混装"及其中的具体水产品种类。

2.净含量和沥干物重量规定

净含量的标识应由净质量的数字和法定计量单位组成。同一预包装内含有多个单件预包装水产品时，大包装在标注净含量的同时还应标注单件数量。

位置：放在主展示版面底部30%的区域，一般与容器的底部平行。

必须同时以通用惯例单位显示净含量。例如：g、kg、mL、L等。

净含量最小字号要求。

如果计数不足以说明内容物含量，则必须补充重量或其他信息。

关于净含量的说明可以用分数表示。

规定固液混合物应该用质量表示。

要求干性食品标示干量。

3. 产地的标注

进口水产品应标注进口国家，捕捞产品应标注捕捞区域。国产水产品应标注捕捞所在区域名称，包括水域名称和捕捞船名称；养殖产品应标注养殖所在国，省、市、县、乡、镇（街道）、村的名称；初级加工水产品应标注初级加工地所在省、市、县、乡、镇（街道）、村的名称。

4. 质量等级和规格

水产品执行的产品标准已明确规定质量等级的，应标注质量等级和规格，也应同时标明所依据的标准编号。

5. 配料表

顺序：按加入量递减排列。

位置：配料表与制造商、包装商或经销商的名称和地址标注在同一标签版面上。

字体：≥ 1.5 mm。

名称：使用常用名或通俗。

附带添加剂的标示。

酒精含量说明。在所有含酒精的产品上要求声明酒精的体积百分比含量。

通过添加包装气体的标签上必须标明"包装内有保护气体"。

6. 营养标签

项目：热量（来自脂肪的热量）、总脂肪、饱和脂肪、反式脂肪、胆固醇、钠、糖、蛋白质、钙和铁。

以日消耗 2 000kcal（1kcal ≈ 4.18kJ）的膳食为基础制定的营养素日值（Daily Value，DV）为营养素参考值。

营养标签的一般格式和图形要求。

7. 过敏原标签

预制水产品含过敏原成分的按 GB/T 23779—2009 规定确定。如含有过敏物质必须标出。

当作为主要过敏原的食物来源的名称没有在某种过敏原成分的配料声明中出现时，在配料表中，预制水产品来源名称后面以括号标注主要过敏原的常用或通俗名称。或在配料表之后或相邻的地方，使用不小于配料表字体大小的字号，标注"含有"，在其后标注产生主要过敏原的预制水产品来源的名称。

8. 生产日期、贮存条件和保质期

捕捞水产品标注捕获日期。养殖水产品标注起捕日期。初级加工水产品标注生产日期。分装水产品应标注生产日期、包装日期或销售日期。

日期的表示方法按照《食品安全国家标准 预包装食品标签通则》（GB 7718—2011）的规定执行。

水产品的保质期与贮藏条件有关的，应当标注预包装生鲜及预制水产品的特定贮藏条件。

9. 认证标识

获得有机食品、绿色食品、无公害农产品、地理标志产品、ChinaGAP、MSC、ASC、ISO、HACCP 等认证或其他荣誉称号的农产品或企业，在有效期内可标注认证标识。标识方法参照《有机食（产）品标志使用章程》《中国绿色食品商标标志设计使用规范手册》《无公害农产品管理办法》《农产品地理标志管理办法》《地理标志产品保护规定》等相关规定进行标识。

未依法获得认证的水产品，不得冒用认证标志。

10. 追溯标识

具备产品质量追溯条件的生产者、销售者使用可追溯编码标识。

编码按 GB/T 16986—2003 和 GB/T 15425—2002 中 6.1 的规定进行。

通过追溯条码或二维码，可回溯原料来源、加工、贮藏和检测报告等信息。

11. 食用方法

可在标识上标注水产品的营养价值、食用方法、每日推荐摄入量、解冻方法、复水再制方法等对消费者有帮助的说明。必要时可在标识之外单独附加说明。

12. 适宜人群

可以根据水产品特性，标注适宜人群和不适宜人群。

（三）标识的使用与管理

• 根据《农产品包装和标识管理办法》，水产品生产企业、渔民专业合作社以及

从事水产品收购的单位或者个人销售的水产品，应当附加标识。未附加标识的，不得销售。

个人自产自销的水产品可以附加标识销售。

● 预包装的水产品的标识应当标示在包装物或者容器的显著位置。

拆分包装的水产品的标识应当在新包装物上重新标示。

鲜活、散装或裸装水产品的标识可直接标示于水产品上，也可以挂、插、摆牌等形式标示。

● 水产品批发市场、超市、水产品销售店、集贸市场的水产品经销者应当经营有标识的水产品，并建立经营记录，记录水产品生产者、产地、品种、数量和销售情况。

经营记录保存期限不得少于两年。

● 水产品生产、加工、批发及经销者应当建立水产品标识的使用管理制度和入市流通可追溯信息登记制度，并规范使用标识。

各级渔业主管部门应建立可追溯信息监管平台，组织辖区内从事水产品生产、经营和销售的企业、单位、组织和个人加入可追溯体系。

● 各类水产行业协会应当发挥行业自律作用，建立相应的管理公约或行业规则及档案制度、协助主管部门对水产品标识进行监督管理。

● 学校、幼儿园、医院、机关、宾馆、酒店及其他企事业等集体用餐单位，应采购有标识的水产品，并建立采购档案。

● 渔业及工商行政主管部门应当加强对水产品批发市场、超市、水产品销售店、集贸市场等场所的监督检查、依法查处违反标识管理规定的行为。

● 渔业、工商、质监、卫生、食品药品监督管理部门应当向社会公布监督举报或者投诉电话。对违反标识管理规定的行为，任何单位与个人有权向渔业、工商等行政主管部门进行检举、揭发和控告。

五、包装与标识的综合应用

（一）真空贴体包装

1. 大黄鱼

宁波市陆龙兄弟海产食品有限公司，始创于 1978 年的，依托享誉世界的东海黄金渔场，固守传统职人的本分，长期钻研海味加工这一传统工艺的精神与脉络，做到传承与创新相结合，现拥有涵盖黄泥螺、蟹制品、干海产品、休闲海产、冷冻海产、

海珍系列等 9 大系列数百个品种的"全海产"产品
供应体系。该公司所生产的真空贴体包装鲜曝大
黄鱼，如图 3-186 所示。在塑料包装上预留了与大
黄鱼类似大小的椭圆形，真空包装后，消费者通过
透明椭圆形直观看到包装内的大黄鱼完整形态。

2. 粉丝扇贝

上海海天下冷冻食品有限公司成立于 2009 年
6 月，是一家从事水产收购、速冻加工、烘烤干制
和肉禽类生鲜原料分割、冷冻、加工的专业工厂。
公司自建上万吨大型冷库和标准化加工车间，并拥
有直销现配华东地区的冷冻物流车队的冷冻物流配
送型企业，商超零售量在同行业中处于领先地位，
是沃尔玛、大润发、乐购、欧尚、易买
得等多家国际连锁超市的生鲜主力供应
商，并有多年的合作经验及良好的合作
关系。该公司也是数百家大型工厂、企
事业单位、航空公司、港澳地区生鲜原
料定点加工基地。

图3-186　真空贴体包装鲜曝大黄鱼

该公司所生产的蒜蓉风味粉丝扇贝
如图 3-187 所示。首先将扇贝、粉丝、
蒜蓉等产品搭配组合在一起，然后内包
装采用真空贴体包装将其搭配固定在一
起。这种包装预先搭配好配料，并采用
真空贴体包装各自固定，方便消费者拆
取和加工。外包装再进行标识标签，不影响外观。

图3-187　真空贴体包装粉丝扇贝

（二）单体包装——久年干海参

大连久年生物有限公司系从事海参及贝类海产品收购、批发及进出口贸易的专业
公司，经营海参干品、盐渍、即食、冻干、速冻、胶囊等 50 多个规格品种，一手原
参、品种最全、价格最优惠，并积极倡导"送礼送健康"新理念。久年作为大连专业
的海参品牌，数十年秉承"原生态，无添加"的经营理念，以生产加工优质，高端，
零添加的原种刺参为品牌核心竞争力。从最初的个体作坊发展到现在的规模庞大的海

参企业，并一直以销售纯天然、原生态的海参为目标，致力于为全国消费者提供品质卓越，安全放心的海参产品。所生产的久年野生海参包装如图3-188所示。每颗干海参都采用透明小瓶包装，软木塞封口，整齐排列于包装盒内。

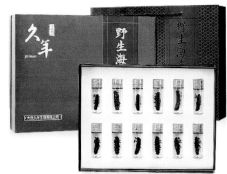

图3-188 久年干海参

（三）地理标志标识——阳澄湖大闸蟹

地理标志产品，是指产自特定地域，所具有的质量、声誉或其他特性本质上取决于该产地的自然因素和人文因素，经审核批准以地理名称进行命名的产品。

"阳澄湖"牌阳澄湖大闸蟹，素以"青壳白肚、金爪黄毛"著称，更有"水中珍品、蟹中之王"美誉。经保守评估，"阳澄湖"牌商标无形资产达1.65亿元，该商标先后获得了绿色食品、江苏名特优新农产品博览会最佳产品奖、全国水产业质量放心国家标准产品、中国十大名蟹、全国知名大闸蟹十佳名优品牌等荣誉称号，公司的销售网络遍布全国各大中城市。产品已具备出口资格，可进一步开拓国际市场。2012年通过江苏省水产品质量安全监管平台建立"水产品质量追溯及身份证识别系统"，对每个、每份、每件、每批进行产品质量追溯（图3-189），为消费者能放心品尝到正宗优质"阳澄湖"牌阳澄湖大闸蟹打下坚实基础，从而使"阳澄湖"牌阳澄湖大闸蟹有了质的飞跃。

图3-189　阳澄湖大闸蟹地理标志

　　市场上销售的阳澄湖大闸蟹采用绳子捆绑方式简易包装，如图 3-189 所示。标牌正面为地理标志，如图 3-190 所示，标牌背面为"蟹客来"品牌。

　　地理标志保护产品网 http://www.cgi.gov.cn，可查询到阳澄湖大闸蟹属地理标志保护产品，如图 3-191 所示。

图3-190　地理标志保护产品
（阳澄湖大闸蟹）

阳澄湖大闸蟹

江苏省苏州市自然形成的阳澄湖水域113平方公里。

| 简介 | 相册 | 质量技术要求 | 标准（规范） | 核准企业 |

质量特色

　　头胸甲明显隆起，甲壳坚硬、青背白肚、金爪黄毛、双螯强健、八足齐全。蟹体肥壮，腿长爪尖，活动有力，反应敏捷。粗蛋白：雌蟹≥15.1%，雄蟹≥15.4%；粗脂肪：雌蟹≥9.5%，雄蟹≥7.1%。

图3-191　地理标志保护产品登记信息

　　现核准企业有昆山市水产有限公司、昆山市巴解阳澄湖大闸蟹有限公司、江苏阳澄湖大闸蟹股份有限公司、苏州市相城区阳澄湖蟹王水产有限公司、昆山市巴城阳澄湖而立蟹业有限公司等合计498家，如图 3-192 所示。其中，蟹客来属昆山市巴城阳澄湖而立蟹业有限公司旗下品牌。

为了保护阳澄湖大闸蟹地理标志产品，规范阳澄湖大闸蟹生产经营秩序，保护生产者、经营者、消费者的合法权益，苏州市制定并颁布《苏州市阳澄湖大闸蟹地理标志产品保护办法》，如图 3-193 所示。

图3-192　现核准企业名单（共498家）　　　图3-193　苏州市阳澄湖大闸蟹地理
标志产品保护方法

（四）追溯标识——麦德龙/麦咨达可追溯系统

麦咨达是麦德龙超市独有的可追溯系统，能够全程记录食品"从田地到市场"的一路历程，是食品风险管理的关键。可追溯体系可以有效控制产品源头，增加产品生产过程的透明度，分清各生产环节的责任，掌握产品流向，在发生食品安全事故时实现召回。

2007 年，麦德龙超市建立了麦咨达可追溯体系，专注食品安全咨询服务。麦咨达可追溯系统采用食品安全的国际标准，监测并记录农产品的生产过程。麦咨达可追溯监测完整的供应链，保障食品安全，并且全程信息透明化。

麦德龙顾客只需扫一扫麦咨达商品外包装上的追溯码，就能清楚知道从产地到市场的全部信息，包括企业、产品、加工厂、原产地、检测与物流等六大模块信息。

迄今为止，麦咨达可追溯商品多达 4 000 多种，覆盖农产品的主要品类，包括水果、蔬菜、谷物、肉类、水产、禽类及蛋制品等。未来，麦德龙还会继续扩展麦咨达可追溯系统，为顾客带来更多高品质、新鲜美味、安全、可追根溯源的商品。

以图 3-194 所示的中瑶柱为例，其二维码标识如图 3-195 所示。扫描包装盒上的追溯二维码后，可查询到企业简介、产品、源头、工厂、检测报告和可持续性 6 项内容，如图 3-196 所示。

图3-194　中瑶柱包装盒　　　　　图3-195　二维码标识

图3-196　麦德龙追溯系统记录产品信息

（五）MSC/ASC认证——蓝雪冷冻产品

MSC（Marine Stewardship Council）水产品认证是一项已被认可的针对海洋渔业以及加工水产品的良好管理的供应链认证项目。MSC供应链认证确保只有经过认证的水产品，并且符合认证要求的产品才能在销售中使用MSC标志。经认证的符合条件的水产品带有MSC标志（图3-197），它表示："该产品来源自符合国际海洋理事会（MSC）的环境标准的海域，并且符合良好管理和可持续捕捞的要求。"该标志和要求适用于产品以及其供应链体系。

图3-197　MSC标签

水产养殖管理理事会（ASC）成立于2010年，并制订了一项具有负责任生产水产养殖产品标准的认证方案。工业利益攸关者与世界野生动物基金会（WWF）之间制定了一些负责任水产养殖全球标准。其标志如图3-198所示。

图3-198　ASC标签

起初由沃尔玛中国、家乐福等合资企业引入MSC/ASC认证产品，将国外的产品销往国内。继而国家水产企业开始参与国际通用认证，如大连海洋岛集团是中国获得ASC负责任水产养殖认证的双壳贝生产企业；隶属山东泓达集团有限公司的创新食品有限公司以马哈鱼为原料的产品加工销售体系，通过了海洋管理委员会（MSC）产销监管链认证。以及隶属青岛春天海产股份有限公司"爱吃鱼"品牌的Amy's Choice已成为首家获MSC认证的餐厅。

浙江蓝雪食品有限公司集进出口、加工、冷链物流等功能为一体，1998年开始出口冷冻海鲜到世界各地，2011年开始依托多年熟悉的海外渔业捕捞加工基地网络，把世界各地优选海鲜食品带到中国，拓展中国市场，争做进口健康海鲜食品的开拓者和领航者。经MSC认证的产品有加拿大成虾（生）、加拿大龙虾（熟）、阿斯加雪鳕鱼扒、挪威北极鳕鱼扒、阿拉斯加真鳕鱼扒、阿拉斯加狭鳕鱼柳（图3-199）、北极甜虾、格陵兰比目鱼扒等。经ASC认证的产品有厄瓜多尔白虾（生）、厄瓜多尔白虾（熟）、青虾仁、智利三文鱼扒、智利三文鱼柳、巴沙鱼柳、智利紫贻贝、单冻黑虎虾、黑虎虾仁等。

图3-199　蓝雪阿拉斯加狭鳕鱼柳MSC标签

蓝雪MSC阿拉斯加狭鳕鱼柳营养成分表和标识内容，如表3-10和图3-200所示。除此外，包装上标识着MSC标签，及其MSC码为MSC-C-55545。登录网址www.msc.org，输入MSC认证编码：MSC-C-55545，可查询到捕捞海域Gulf of Alaska，FAO海域（FAO 67），证书有效期（2005年4月27至2021年1月13日）等，如图3-201和3-202所示，表明其标签、宣传和认证信息相一致。

产品名称：**阿拉斯加狭鳕鱼柳**

原料产地：**美国俄罗斯**

配料：阿拉斯加狭鳕鱼柳，水，水分保持剂（451i）

生产日期：**见封口**

保质期：**18个月**

产品标准代号：Q/ZLX0001S

本品需冷冻：-18℃以下

烹饪方法：1、解冻鱼柳，用吸水纸吸干鱼柳表面水分，蘸一下干白；

2、将盐、糖、胡椒粉、红酒混合倒在鱼柳上腌制半小时；

3、平底锅中放入黄油，待黄油化开后，将腌好的鱼柳放放平底锅中煎。

图3-200　蓝雪MSC阿拉斯加狭鳕鱼柳标识内容

表3-10　蓝雪MSC阿拉斯加狭鳕鱼柳营养成分表

营养成分表 Nutrition Information		
项目 /items	100g/100g	营养素参考值（NRV）
能量 /Energy	377kJ	4%
蛋白质 /Protein	20.0g	33%
脂肪 /Fat	1.0g	2%
碳水化合物 /Carbohydrate	0g	0%
钠 /Sodium	142mg	7%

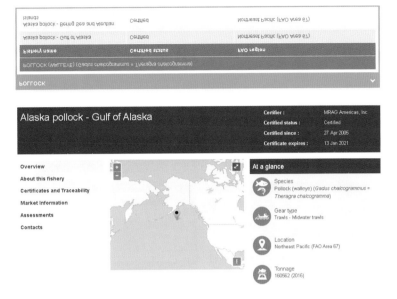

图3-201　MSC网站登记信息

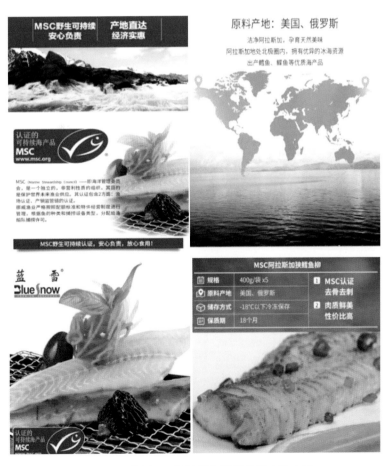

图3-202　蓝雪MSC阿拉斯加狭鳕鱼柳宣传介绍

（六）捕捞或养殖区域标识——家乐福速冻鱼虾（图3-203）

图3-203　家乐福速冻MSC/ASC鱼虾产品

　　家乐福（Carrefour）成立于1959年，是大卖场业态的首创者，是欧洲第一大零售商，世界第二大国际化零售连锁集团。现拥有11 000多家营运零售单位，业务范围遍及世界30个国家和地区。2018年7月19日，《财富》世界500强排行榜发布，家乐福位列68位。自主经营并取得MSC/ASC认证的速冻水产品：家乐福MSC速冻狭鳕鱼柳，MSC速冻黄金鲽鱼柳，MSC速冻挪威北极鳕腰肉，ASC速冻三文鱼切身，ASC速冻南美白对虾等。在包装上标识MSC/ASC认证标签。包装上采用真空包装，可以很好地体现产品的立体结构。标签标识了MSC/ASC认证标识，鱼虾的简笔图。同时，为了凸显产地，不仅标识了产于哪个国家，同时采用世界地图加方框的形式标示出产地位置。如图3-204所示，家乐福MSC速冻狭鳕鱼柳，原产地：俄罗斯，捕捞区域：FAO 61，并用红框标识出捕捞区域。

图3-204　家乐福MSC速冻狭鳕鱼柳捕捞区域标识

六、问题、趋势与展望

（一）存在的问题

我国水产品品质优异，种类齐全，品种繁多。近年来，水产品发展突飞猛进，众多水产品不仅满足了国内市场，而且出口到了国际市场，同时也将全世界其他国家的水产品进口到国内市场销售。据了解，发达国家已将水产品等出口商品包装的检验标准从原先的几项、十几项增加到几十项，我国出口水产品等商品贸易正受到日趋严重的"包装壁垒"。产品包装是产品质量的一部分，包装质量的好坏，决定着产品质量的优劣。而我国水产品往往因包装材料、包装设计、包装标识等方面的缺陷而不能充分体现出优势，在市场竞争中处于劣势。水产品包装标识当前存在的主要问题如下。

1. 过度包装问题突出

特别是一些礼品装高价值水产品，内包装、外包装、礼品盒三层甚至更多层包装。包装成本占总成本的占比较高，使销售价格远高于水产品真实价值。过度包装造成资源极大浪费和严重污染。

2. 品牌化意识较弱，欠包装问题普遍

一些干制水产品，比如淡菜干、干贝、蛤蜊干、虾干等采用散装方式销售。自营的冷冻小黄鱼、红虾、带鱼段、鲳鱼等仅采用保鲜膜包裹。部分冷冻水产品外包装盒不防水。冷冻水产品在物流运输过程中，如外包装不具防水性能，化冻后会导致外包装潮湿，形成水浸状影响外观，丧失支撑力，包装盒易塌陷。

3. 认证意识不强，缺少有力保护措施

仅部分水产品企业进行无公害农产品、绿色食品、有机食品认证。地理标志保护产品虽然认证较多，但是地方上未形成生产技术标准，未出台相应的管理方法，标识滥用现象严重，缺少有力的管理保护措施。国内进行国际 MSC/ASC 认证的捕捞／养殖企业很少，影响水产品的竞争力，限制了水产品的出口。

4. 追溯体系不健全

追溯系统目前已经被广泛应用于各个行业中，是一种可以对产品进行正向、逆向或不定向追踪的生产控制系统，可适用于各种类型的过程和生产控制系统。但国内水产品领域的应用仍较少。

（二）发展趋势

1. 活体运输包装

由于水产品捕捞后易死，传统的方法多采用有水运输、冰鲜、冷冻的方法保持其品质，延长其贮藏期和货架期。有水运输需要配备充气装置，而冰鲜和冷冻又会降低食用品质。因此新型保活包装备受经销商青睐，如图 3-205 所示为活体运输包装梭子蟹和胖头鱼。受水产品本身生理特性的影响，目前活体运输包装方式应用范围还仅限于少数水产品，如河蟹、梭子蟹、胖头鱼、小龙虾等。随着互联网的发展，人们对网购到活鱼、活虾，活蟹、活贝的需求越来越高，对于活体包装技术的需求也越来越急迫。

图3-205　活体运输包装梭子蟹和胖头鱼

2. 无菌包装

无菌包装技术就是将经过高温短时或瞬时灭菌的食品、在无菌环境中包装密封在事先经灭菌的容器中使包装食品达到商业无菌要求的新型保藏加工技术。它有 3 个无菌化要求，即食品的无菌化、包装材料的无菌化和包装环境（操作）的无菌化。无菌包装不仅能生产传统保藏技术所能生产的全部产品，而且产品质量将大大提高；它还以其独特的技术优势，极大地拓展水产品深加工领域带来无限商机。无菌包装技术不仅能保留传统保藏方法中的所有优点，如食用方便、能在常温下保质 3 ～ 24 个月等，还能大大提高产品的质量、增加花色品种、美化产品包装、节能降耗和提高劳动效率。而对于生鲜水产品，为保持其生鲜品质及控制腐败，宜选用冷杀菌技术。冷杀菌是指在常温或小幅度升温的条件下进行杀菌，可以采取物理方法，也可以采用非物理方法，保证食品的安全性及贮藏期。因此，冷杀菌技术也就越来越受到人们的关注。目前先进的冷杀菌技术包括臭氧杀菌、辐照杀菌、超高压杀菌、高压脉冲电场杀菌等。

3. 活性包装

活性包装技术是指在包装材料或食品包装空隙中添加辅助物用以提高包装性能的技术，这项技术可以提高食品安全，保障食品品质，延长食品货架期。活性包装依据控制方法可以分为吸收型、释放型和涂膜型。吸收型活性包装主要有吸收氧气、CO_2 和降低湿度以及去除异味等。去除包装中顶空氧的技术如热灌装技术、液氮灌装技术、排气技术、气调包装技术、真空包装技术，并不能去除包装中的所有氧气，充气包装有 2.0% ～ 5.0% 的氧气残留，真空包装或压缩包装有 0.3% ～ 3% 的氧气残留，而氧含量小于 0.1% 才能有效控制保质期内由酶促反应、微生物滋生及生化反应导致的食品变质；且去除保质期内透过包装材料的氧气也是必须要考虑的因素，因而需要通过氧气吸收剂来清除贮藏期间食品包装中的残余氧气。释放型活性包装主要有释放乙醇、CO_2、生物抗菌活性物质等类型。释放 CO_2 的包装可以克服一些脱氧包装产生的塌陷问题。高浓度的 CO_2 不仅可以抑制食品氧化，还由于其是酸性气体可以起到抑菌作用（好氧菌、革兰氏阳性菌，例如假单胞菌）。涂膜型活性包装通常具有抗菌功能，食品腐败变质最主要的原因是其表面微生物的大量繁殖，通过抗菌材料与食品表面的直接接触，可以起到微生物抑制甚至杀灭的作用达到延长保质期的目的。

4. 智能化包装

智能包装技术是指具有人工智能功能的包装技术，如检测、感应、记录、追踪、反馈、货架期智能调控、警告等。智能包装主要有指示剂型、信息型。智能包装技术在我国水产品市场尚处在起步阶段，如能将应用于其他食品的成功案例以及国外水产品智能包装加以借鉴，对我国未来水产品行业的创新发展将会有很强的促进作用。

指示剂型智能包装：氧气指示剂采用光敏材料（如二氧化钛）、还原染料（如亚甲蓝）和自由电子供体（如甘油）联合指示包装内的氧气。光敏材料先吸收紫外被触发，产生电子空穴对，光敏空穴快速与自由电子供体反应，剩下光敏电子；若体系内含有一定浓度的氧气，可以和还原型染料反应，生成染料的氧化形式，氧化型染料与光敏电子结合，可以灵敏地呈现不同颜色。食品被微生物的污染程度可通过包装材料中的 pH 敏感染料 – 光学传感器指示，通过气体与指示剂的作用，可以指示食品腐败情况。Pacquit 等将这项技术应用到鱼肉腐败（2 种鳕鱼）的检测中，发现 pH 指示剂可以通过指示挥发性盐基总氮（Total volatile basic nitrogen，TVBN）产生情况反映鱼肉腐败情况，研究者还发现这个指示剂同样还可以检测活菌数以及假单胞菌总数。pH敏感染料　光学传感器指示剂还可以用于监测脂肪氧化情况。

信息型智能包装：时间 – 温度标签（Time-temperature indicator，TTI）智能包装

可以将加工食品从出厂—运输—出售整个产业链中的温度影响记录在标签上，便于消费者对食品的品质有直观的精准判断。典型的此类包装产品有 3M Monitor Mark®、TRACEO® 和 PDA/SiO$_2$ 纳米材料等。3M Monitor Mark® 是蓝色酯类染料，根据温度变化染料的熔化状态发生变化，从而造成颜色变化；TRACEO® 是基于微生物体系，当产品经历过不当的高温放置，体系会产生不可逆的粉色；PDA/SiO$_2$ 体系是根据活化能值计算温度的体系，纯的 PDA（Polydiacetylene，聚双炔）和 PDA/SiO$_2$ 纳米材料的活化能 Ea 值分别为 79.46 和 96.29 kJ/mol，根据 Ea 值和数学模型可以实时精准监测冷链上的食品温度变化；除此之外，还有一些基于化学反应的 TTI 标签，例如，应用了 Maillard 反应的化学指示 TTI 标签。无线射频识别标签（Radio frequency identification，RFID）可以获取并存储信息，不需要人工操作即可获得准确、实时信息。这项技术的应用可以实时更新食品的物流信息，提高了物流链的管理效率；而且对标签食品有溯源性，对于收回某一批次不合格食品有精确性和高效性。

（三）展望

我国水产品新包装技术研究还处在起步阶段，通过借鉴国外先进思路以及我国对水产品加工和保藏技术的研究基础，可以开发适用于我国特色大宗水产品的绿色环保、创新、智慧的水产食品新包装。随着水产品加工业的发展，产品的研发更新，未来将逐渐扩大新型包装在我国水产品加工中的应用范围，可以丰富我国水产食品形式，促进我国水产品加工业的发展；建立健全认证和追溯体系，辅助水产品质量安全监督管理，加强我国消费者对加工水产食品安全品质的信心，从而形成水产品加工业的良性循环。

第四章 中国农产品包装标识部分骨干企业

企业之一　利乐公司

一、企业简介

利乐公司全称为利乐中国有限公司（上海），于1952年成立于瑞典，创新性地推出了一种耗材最少、卫生水平最高的牛奶包装——利乐四面体纸包装，并成为当时最先为液态奶提供纸质包装的公司之一。通过在竞争中不断进步和创新，利乐已经发展成为向牛奶、果汁、饮料和许多其他产品提供整套包装系统的大型供应商。1991年，利乐的业务延伸至液态食品加工设备、厂房工程及干酪生产设备。今天，利乐是全球领先的食品加工和包装解决方案提供商，拥有全球最全面系统的包装解决方案，包括229种包装及7 000种包装组合，同时在液态及半液态食品的包装和加工领域，取得5 000多项技术专利，能够向世界各地的食品生产企业提供一体化的食品加工设备、包装系统、分销系统以及与这些系统相关联的技术咨询与培训、新产品开发与定位、市场培育与发展等全方位的高附加值服务。

截至2018年年初，利乐在全球共有32家销售公司，11家技术培训中心，5所技术研发中心，6所客户创新中心和55家生产厂。公司拥有24 800名员工，2017年度的净销售收入约为115亿欧元，共销售1 880亿件包装，产品行销160多个国家和地区。

利乐公司创始人鲁宾·劳辛博士在公司成立伊始就把"包装带来的节约应超过其自身成本"作为公司的经营理念。长期以来，利乐的经营活动始终遵循可再生（Renewing）、减量化（Reducing）、可循环（Recycling）的原则。根据利乐的"2020环境目标"，公司将不断提高原材料中的可再生资源比例、降低全价值链的碳足迹、并推动消费后牛奶饮料包装的回收再利用，持续降低对环境的负面影响。同时，利乐与相关机构积极合作，负责任地定期发布企业环保绩效，努力为客户和消费者提供更多低碳的包装选择。

几十年来，利乐一直是中国液态食品发展的积极参与者。从20世纪90年代开始，利乐更是见证和参与了中国乳品工业的发展。为了成为中国液态食品工业强有力的后盾，利乐在中国不断加大投资力度。今天，利乐在中国市场的累计投资已达37.6亿元人民币，拥有员工2 000余名，在上海、北京和香港等主要城市设立了10余个分支机构，并建立了遍布全国的分销网络，在北京、昆山、呼和浩特开设了先进的包材生产厂，能够满足甚至超越中国客户的需求。利乐在不断加大投资力度的同时，也将世界最先进的包装技术和理念引入中国市场，先后在北京成立了利乐全球最先进的设计转换中心，在上海建立了利乐中国技术研发及生产中心和利乐中国饮料研发中心。

无论是投资建厂，还是引进先进技术，利乐着眼于根植中国的长远目标，依托全球资源优势，致力于通过系统化的解决方案，满足中国客户的需求。

二、主要业务领域和主要产品

利乐公司是专业从事液态食品包装材料开发的企业，主要业务领域和产品如下。

（一）包装材料

1. 现状

对于乳品等液态食品，纸包装已经是非常常见且受消费者欢迎的选择。从生产商和经销商的角度来说，纸包装意味更低的运输成本，更节省的运输和贮藏空间。从消费者角度来说，纸包装提供了更多的尺寸选择，更轻巧、易携带，使用后能够回收。利乐提供用于新鲜产品的种类齐全且最具吸引力的纸包装系列。所有包装都为消费者带来便利，易于开启、拥有最理想的保质期，能为品牌带来最佳展示效果。

2. 问题

如何实现保鲜抗菌，具备优秀的防腐性能是评价乳品等液态食品包装的重要指标之一。随着消费者生活水平和消费能力的提高，他们对饮品品质也有了更好的追求，希望享用到更新鲜、营养、不添加防腐剂的产品。同时，随着生活节奏的加快，以及像牛奶、酸奶等饮品的休闲化和零食化，可在途饮用、无须冷藏保存、保质期长又口感新鲜的产品受到追捧。因此对包装而言，必须在保证内容物新鲜、营养、不受污染的同时，尽可能延长产品的货架期。为此就必须下功夫解决控制微生物这一难题，让包装防止微生物生长、防止再污染。

3. 趋势

拥有长货架期、可常温保存的高质量产品为市场的主流需求之一。技术性、创造性地使用优秀的包装材料，让包装保护好食品品质、保障食品安全的重要性比以往更加显著。

与此同时，消费者也越来越重视环境保护，以及品牌的相关社会责任。同时，在国家可持续发展战略持续推进的背景下，精简包装用材，使用可持续材料生产包装更具竞争优势。因此，使用可延长货架期、具有环保特性的包装材料是液态食品纸包装生产商需重视的趋势。

4. 实践

作为极易变质且易遭遇细菌侵袭的液态食品，有效灭除原料中的菌群并保证其品质不变，曾经是困扰业界的一大难题。在这一领域，利乐独创的超高温 UHT 处理技术有着划时代意义。超高温处理是以超过 135℃（275℉）加热食物 2 ～ 4s 并迅速回落至室温从而实现食品灭菌的技术。如今运用 UHT 技术最广泛的领域就是奶业，UHT 的超高温足以杀灭牛奶中所有的细菌和孢子，同时也最大限度地保护牛奶的营养和口味。而从提高生产效率的角度来看，利乐的"一步法"技术在一个步骤里结合了多个过程——分离、标准化和 UHT 处理，从而减少高达 50% 的运营成本和高达 30% 的牛奶损失。

利乐包装中平均 75% 的原材料是纸板。此外利乐包装还使用到铝箔、聚乙烯，通过一系列先进技术复合成包装材料。

利乐所交付的这种"六层无菌包装"，最外层为聚乙烯，防止包装受潮。第二层是纸板，让包装稳固地挺立起来。纸板的用量必须恰到好处，既足以让包装牢固，又不会增加不必要的重量。第三层则又是聚乙烯，用来粘合纸板和更内层的铝箔。而第四层的铝箔则可以隔绝光线和氧气，并通过电磁感应产生热量，使聚乙烯熔化并形成密封。最后，最里两层的聚乙烯，可以防止内容物向外渗透。经过超高温瞬时灭菌后的牛奶饮料，在无菌条件下灌入包装中，多层包装材料的保护能将空气、光线和微生物等可能导致牛奶变质的因素通通挡在外面，无须添加防腐剂，也可在常温状态下保持较长货架期，更好地保护产品品质和安全。

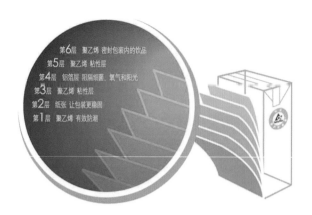

作为一家全球所有工厂和销售公司都获得 FSC®（Forest Stewardship Council，森林管理委员会）CoC（产销监管链）认证的公司，利乐承诺使用来自负责任管理的森林和可控林区的纸板，并且最终目标是 100% 使用 FSC® 认证的纸板。2007 年，利乐包装成为全球首个获得 FSC® 认证的纸包装，截至 2017 年，利乐全球带 FSC™ 标签的包装销量累计超过 3 000 亿个。

消费后的利乐包装是一种可以 100% 回收再利用的资源，可变身为再生纸浆、再生塑料粒子、再生铝粉等工业原料和纸张、文具、垃圾桶、户外设施和家具板材等一系列环保产品。2017 年，中国大陆地区牛奶饮料纸包装的回收总量约为 15.2 万 t。

采用生物质塑料、搭载 30mm 轻巧盖™的 1 L 装利乐峰®无菌包装，其主要材料为纸板，而其余使用到的塑料薄膜与开盖均由甘蔗提取物聚合而成，整个包装的可再生原材料比例达到了 80% 以上，其碳足迹也比标准包装降低了 17%。在包装材料的选择上，既保护好内容物，也出色地做到了环保、低碳。该包装荣获比利时皇家分销委员会颁发的可持续发展奖，并获得世界公认的评估包装可再生性的权威认证机构 Vincotte 的最高级别的认证。

（二）包装形式

1. 现状

利乐一共拥有 229 种包装及 7 000 种包装组合，提供着全球范围内最全面系统的包装解决方案。不同的包装形式之间看似大同小异，但任何微小的差异都是有原因、基于实际市场需求的。每一次创新的包装方案，都是在坚守利乐无菌包装技术对保障食品安全的初心。利乐还拥有 7 种无菌包装系统，使液态食品在无须防腐剂或冷藏的条件下保持安全和营养。每一系统下又有不同的尺寸规格、容量、开口方式等选择，有助于满足消费者的不同需求，为产品提供恰到好处的保护。此外，针对需要冷藏分销和储存的产品，利乐也提供了 3 种包装系统以及多种选择。

2. 问题

随着生活水平的提高，消费者的需求也变得越来越高。同时，市场规模的扩大也意味着生产商将面对更复杂、更多样化，处在不同消费情景中，有着各自的需求和追求。继续沿用以往的包装形式，很容易被消费者视作不够贴心、不够"高端大气"，也无法让产品和品牌从同类竞争者中区别开来，陷入窘境。

3. 趋势

面对多元且高要求的消费需求，包装形式也必须不断创新，在安全、方便、易于运输、便于储存、适于携带的同时，凸显产品的特性，同时还需要节约生产成本和资源，实现多方满意。

4. 实践

利乐砖包装系列是利乐包装大家庭中的经典成员，是全球最有效的饮料包装之一。其方正的外观可以整齐地堆叠在货盘上、运输容器中、超市货架上或家里的冰箱、橱柜中。利乐砖包装系列使用最少量的材料来生产兼顾功能和保护作用的包装，具有很高的成本效益。同时，得益于 UHT 技术的采用，利乐砖能够在常温环境下实现"保护好品质"，在运输、分销和储存的过程中，始终将影响食品质量的因素挡在外头。

当然，利乐也在对这一经典系列进行不断的创新改进。例如新推出的利乐峰样式，具有倾斜的顶部、成角度的折角和恰当的旋盖位置，使之易于开启、倾倒和重新封合，受到消费者的青睐，同时还荣膺瑞典风湿病协会（SRA）"年度包装"奖，获得该协会推荐，适合手部力量较弱的消费者（儿童、老年人、伤员及关节炎、风湿病患者）。

针对不同的消费场景以及不同需求的消费者，利乐提供多种容量、多种形状的包装选择。同时，还配有多种开口方式，例如合意盖™非常适合与大容量的包装相结合，适用于白奶、果汁饮料、含乳饮品、酒类等多种品类；梦幻盖™专为在途饮用的消费者设计，全面融合了人体工程学理念，颈部较高，开盖方式极为便捷，流速均匀，非常适合出差、出行以及热爱户外运动的人们。消费者可根据个人喜好与习惯来进行选择，厂商也可根据需求来进行灵活组合。

（合意盖™）　　　　　　　　　　（梦幻盖™）

　　以利乐砖包装为例，利乐砖拥有标准型、适中型、苗条型、正方型、利乐峰及利乐峰纤细型 6 种样式，且每种样式均拥有多种容量及形状，容量涵盖了从 200 mL 的个人装到 1 000 mL 的家庭装。

　　同样，另一款利乐包装家族中的明星产品——利乐钻®无菌包装系列也具备多种容量、多种形状，可适应不同消费场景的特性。这一系列包装拥有 16 种不同的包装组合，涵盖了从 125 mL 到 1 000 mL 不等的容量，并配有各种开口方式。利乐钻®无菌包装的钻形外观完全适合各种大小的手掌，能在饮用时给消费者带来舒适的握感。其中 200 mL 和 250 mL 容量，搭配可重复开启的开盖方案，尤其适合在途饮用。无论男女老少，无论是在户外活动、上班途中还是出门远游，都能让消费者享受到畅快、便利的饮用体验。

　　另外，利乐屏®无菌包装是全球首款用于白奶的无菌纸瓶。其形状让人联想起 20 世纪的牛奶桶和牛奶瓶，令人倍感怀念与亲切。在实际使用中，利乐屏®无菌包装集

瓶形的易于手握和倾倒以及纸盒包装的轻巧与环保这两方面的优点。其设计为独特的"D"形，纸包装主体部分握持舒适，封盖易于抓握和开启，从包装中倾倒液体时流畅、安全且精确，令消费者拥有良好体验。

（三）包装的品质内涵

1. 现状

包装设计对产品和品牌传播有着重要作用，可以视为影响消费者购买决策的最重要因素之一。应当说，包装可以成为产品的广告牌。优秀的平面设计能让包装形状和内容物之间形成呼应关系，并让产品更具吸引力，更加引人注目，在摆放众多商品的货架上脱颖而出。为此，利乐不断追求更好的印刷技术、更独特的包装效果、更时尚靓丽且符合消费者使用需求的设计。

2. 问题

在当前的线下商店货架上，产品包装异常纷繁，各种色彩、外形、图样、文字竞相争艳，而消费者浏览货架并决定购买某一产品的时间只有短短数秒。如何令产品外包装足够亮眼且独特，防止审美疲劳，吸引消费者的目光并刺激他们购买成为包装设计中的一大关键。

3. 趋势

在当前的网络时代，包装设计也不可避免地受到了网络文化的影响，越来越多的品牌会选择在包装设计上追逐网络热点，如网络表情包、流行用语等，从而连接目标消费人群，为品牌注入新活力。

同时，网络时代注重娱乐的特性也让娱乐元素在包装设计中更加常见。邀请明星代言，将明星印上包装来凸显产品特性，吸引粉丝购买的做法已经屡见不鲜。而如今这一做法的范围从偶像明星扩大到了各种热门 IP 中的形象，如人气游戏、动画、网络小说的角色等。尽快抓住热点，在包装上讲一个"故事"，传达一种品牌理念正是大势所趋。

4. 实践

目前，利乐能提供以下 3 种印刷解决方案。

（1）利乐®精致印刷技术。是一种全新的柔版图像印刷产品，可改善色彩、清晰度和其他印刷品质，让纸包装拥有更加独特且富有吸引力的外观。

（2）柔板印刷。是适合大宗商品的既理想又经济的印刷解决方案，同时也是简约包装设计的最佳印刷选择。适合简化信息、直切主题要点和品牌元素的设计效果。

（3）利乐®锐丽印刷技术。可提供更高的印刷清晰度，包括更高的分辨率和对比度。采用利乐锐丽印刷技术的同时，包装的材质还可以选择带金属膜的纸板，金属涂层成为包装图案的一部分，能让产品拥有高端、现代的外观，也让包装的设计有更广阔的发展空间。

同时，利乐还提供共版印刷技术，使得产品包装可以通过同一系列的不同设计与消费者进行互动，从而提高品牌辨识度与好感度。所谓共版印刷技术，即在同一个设计号（×××）里放入不同的版面安排，通过在印刷时纵向、横向不同排列，实现同一产品不同版面一起印刷的解决方案。具有灵

活生产、减少包材库存和增加设计创意潜力的优势。

以蒙牛纯甄酸奶的设计为例。在冠名赞助综艺节目《极限挑战》后，蒙牛纯甄抓住了六位节目成员身上带有的可爱的动物特征，进而推出了对应的成员卡迪形象包装，深受《极限挑战》节目粉丝的喜爱，也激发了诸多忠实观众纷纷买齐六款包装。

另一个案例则是维他柠檬茶的包装设计。通过共版印刷，在包装背后印上音乐爱好者的卡通形象，且四款卡通形象摆放在一起可以拼成一幅乐队演奏的图像，使得包装妙趣横生，十分吸睛。同时这一设计也很好地配合了品牌线上线下的一系列与流行音乐相关的营销活动，拉近了与消费者的距离。

除了优秀的印刷技术，利乐还在不断研发新的包装效果组合以凸显产品与品牌的特性和表现力。2018年，利乐推出了全新的包装材料产品组合，这一组合通过改进纸板材料，为产品包装带来了不一样的"变身效果"。这一组合共包括以下四款。

（1）利乐®炫彩包材。凭借全息效果，图案更复杂、色彩更炫丽的个性化印刷成为可能。强烈的视觉冲击所带来的个性化价值主张，更在品牌与消费者之间建立起了情感层面的互动，可让消费者通过直观的方式来感受产品所传递出的年轻、动感、时尚的品牌文化。

（2）利乐®浮纹包材。创造性地把浮雕式的花纹表面融入包装材料中，将消费者的注意力转移到触感。浮雕花纹的形状和分布可定制化调节，有利于打造符合产品定位的设计，提升品牌辨识度。

（3）利乐®金属包材。模拟镜面、拉丝等金属质感，颠覆传统纸盒的朴素属性，以金属元素塑造的奢华外观，彰显产品的高端定位。

（4）利乐®如木包材。不同于经过漂白处理的传统白色纸板，在外观上保持了原木的颜色和纤维纹理，回归大自然的简单与质朴。同时，其高可再生材料的占比，也为产品的环保性能再度加分。

最后，面对消费者不断升级的对高端消费体验的追求，利乐从消费者审美、心理、行为出发，结合品牌形象、特性和质量，并充分考虑安全、便利、符合人体工程学等要素来对包装进行升级优化。以蒙牛特仑苏与2018年5月推出的全新高端有机纯牛奶为例，为了凸显

这一产品高端、健康、自然的特性，利乐为其提供了搭载梦幻盖™的利乐钻®峰型无菌包装。

八面钻体包型相比一般的四面体包装，给予了产品更多自我展示的空间，将特仑苏有机纯牛奶想要传递的"大自然的气息"很好地表达了出来，整个包装美丽大气，充满生机，与产品的高端定位相得益彰。且八面钻体包型还能为消费者提供绝佳的握持手感。

同时，包装所搭载的梦幻盖™，具有"大螺纹、低扭矩"的设计，方便开启。旋盖直径达26mm，独特的唇贴设计全面融合了人体工程学理念，液体流速均匀，为消费者带来更舒爽的饮用体验。2012年，梦幻盖™曾在纳维亚包装博览会上荣获"斯堪的纳维亚之星"（Scanstar）的殊荣。

总体来看，这一包装美观大方，容量适中，便于携带和在途饮用，对上班族和学生而言都是品质之选，助力提升了特仑苏的品牌竞争力。

企业之二 苏州华源控股股份有限公司

一、企业简介

　　苏州华源控股股份有限公司是一家集包装方案策划、包装设计与产品制造为核心的综合包装方案提供商，本着"关注伙伴，共同成长"的经营理念，服务于高端品牌客户。目前已在全国范围设有十多个生产基地，以苏州为中心点，涵盖了全国的服务网络，为客户提供全方位的包装解决方案。2015年12月31日公司成功登录深交所中小企业板，翻开了企业发展的新篇章。

　　公司自成立以来，一直致力于金属包装产品的研发、设计、生产和销售，与国内

众多知名化工、食品等品牌企业保持着长期、稳定的合作关系，在业界建立了优良的商誉。同时为进一步完善产品结构，拓展未来发展空间，公司也已积极介入塑料包装领域。通过防伪包装、复合包装等应用研发及配套技术服务，进一步提升产品竞争力和品牌价值。

华源控股将一如既往地深耕包装领域，朝着智能化、环保化、国际化的方向迈步前进，持续完善产业链布局。以"包装——创新美好生活"为使命，努力打造"国际领先的包装解决方案提供商"，秉承"务实、奋斗、创新"的核心价值观，"关注伙伴、共同成长"的经营理念，创导未来，筑梦世界！

部分合作伙伴

二、主要产品简介

公司主要食品包装产品类型：食用油、糖果、杂粮、番茄酱等食品罐，调味类金属盖，水果、蔬菜类罐头食品及饮料类金属盖，各种其他用途包装产品，服务于全球市场。

公司为满足高质量食品包装的需求，建造十万级洁净车间，拥有二十多台（套）高速制罐、盖生产设备，以充足的生产能力，先进的制罐、制盖技术，丰富的产品规格，为食品各领域提供个性化、安全可靠的包装产品与服务。

（一）工艺食品罐

工艺食品罐可根据不同需求制成各种外形，如圆形、椭圆形、方形、马蹄形、梯形等，既满足了不同产品的包装需求，又使得包装容器更具多样性和美感。金属包装越来越多地倡导减量化设计，以及便携、易开启等契合人体工程学的构造设计，适应不同需求的消费群体。此外，食品罐经过个性化的包装设计，分离多感官的印刷效果，如采用磨砂、哑光、珠光等印刷效果，结合特定图案的凹凸冲压，使产品有极强的视觉冲击力和外观触感；颜色鲜艳、平面感强的高保真印刷技术和镭射技术，又能缔造强烈的个性化特色与魅力。

（二）食用油罐

用马口铁经过印刷、裁剪、冲压、清洁包装而成的专门包装食用油的铁罐，是解决食用油塑料包装有毒问题的最好方案，同时具有很好的装饰性，手感及眼观都比较高档，是礼品市场的新生力量，同时对食用油保鲜及储存都有良好的作用，且款式多样，印刷精美，不易破损，运输便利，应用越来越广泛。使用铁罐包装的食用油主要集中在特种食用油种类，如橄榄油、山茶油、胡麻籽油、芝麻油、葵花籽油、亚麻籽油等稀有油种产品的包装。

（三）金属盖——爪式旋开盖

爪式旋开盖有优异的氧气阻隔性能，能有效延长内容物的保质期，适用于各种冷、热食品和饮料的灌装，并且消费者在使用后易于进行二次封口。客户可以选择阶梯状、凹凸状或者带有安全钮的各类外观包装形式，以加强在零售货架上的视觉吸引力。

（四）金属盖——螺旋盖

螺旋盖具备优良的密封性能，延长内容物保质期。方便重复开启与关闭密封，适用于玻璃瓶、罐或连续螺纹式的瓶、罐等可以重复使用的储存容器，可延长消费者与品牌信息的接触时间。螺旋盖可兼顾应用于真空和非真空包装，其中两片式螺旋盖系列配有多个内片，开启后可更换内片，以保证内容物的品质不受重复污染。此类可重复密封盖类产品是家庭制作食品储存的理想选择（下述典型案例为螺旋盖）。

三、应用典型案例——蜂蜜与瓶盖的"天作之合"

蜂蜜宜保存在常温阴凉避光之处。蜂蜜中的葡萄糖和果糖，易吸收空气中的水分，变得稀薄，进而发酵导致变质。因此，蜂蜜要放在干燥处，并密封保存。另外，蜂蜜中含有多种酶和维生素，酶和维生素见光会分解，因此最好避光保存。装蜂蜜的容器要盖严，防止漏气，减少蜂蜜与空气接触。

金属螺纹旋开盖日常应用广泛，已成为金属包装的重要组成部分，为罐装食品、果蔬等行业提供配套服务。金属螺旋盖可提供优良的密封性能及物理强度，延长保质期，方便重复开启与密封，适用于连续螺纹式的瓶、罐等可以重复使用的储存容器，可延长消费品与品牌信息的接触时间，适合于封装各类果酱、蜂蜜等食品。

一体螺旋盖　　　　　　　　　　内片外圈分离螺旋盖

● 结构组成。螺纹旋开盖通常用镀锡薄板制成。采用全螺纹形式，随直径大小而适应调整，盖内有密封胶垫，一体盖直接在盖内注胶，内片外圈式盖在内片上注胶。

● 封盖和密封的行程。将盖子顺着瓶口螺纹旋转，拧紧使盖子螺纹与瓶口螺纹紧密的咬合，当密封胶垫贴紧瓶口后形成密封，可通过加温蒸煮实现微真空。具体规格形式见下表。

螺纹旋开盖规格形式表

规格尺寸/mm	形式	螺纹类型
39	一体	全螺纹
54	一体	全螺纹
67	一体	全螺纹
70	一体 / 内片外圈	全螺纹
78	一体	全螺纹
86	一体 / 内片外圈	全螺纹
90	一体	全螺纹
100	一体	全螺纹

金属螺旋式瓶盖可兼顾应用于真空和非真空包装，其中，两片式螺旋盖系列为一个外圈配有 6～12 个内片，开启后可更换内片（使用过的内片可能会粘有内容物），以保证内装物的品质不受产品自身的交叉污染。

因蜂蜜能与金属发生化学反应，不能直接接触，因此在金属制盖前对基材进行涂布，并在制盖时内注密封胶垫片。以目前市场上多见的产品为例，内注胶垫一方面用于瓶口的密封隔绝空气，同时也可防止内容物与盖子内壁接触。使用螺纹保障容器能够反复开启，实现二次密封来配合延长蜂蜜的储存期限。在包装螺纹盖的外圈顶部设计有手握式防滑螺纹，便于开启。此外，为了能体现产品的特质，部分产品通过在外盖顶部采用蜂巢式外观设计以映衬蜂蜜的起源，在用户反复接触产品包装过程中加深品牌印象，提升品牌亲和度。

企业之三　东莞泛达塑胶制品有限公司

一、企业简介

东莞泛达塑胶制品有限公司成立于 2011 年 4 月。位于广东省东莞市横沥镇六甲村，公司占地面积 16 000 多平方米，建筑面积 12 000 平方米，是一家专业从事塑胶包装材料（含食品用塑胶一次性餐饮具材料）的生产企业。公司拥有精良的生产设备及雄厚的生产技术及生产能力，配备了精准的检测应用设备。

本公司拥有生产经验丰富的技术员和工程人员，对生产技术，模具开发具备专业的技能，全体员工在"品质第一，客户至上"宗旨的指导下，按照 ISO 9001：2008 管理体系认证 /ISO 22000：2005 食品级别管理体系认证标准、QS 要求，GMP 建立整合体系，始终坚持采用灵活的生产经营模式，严格的产品工艺要求。从产品的物料采购、工艺制定、生产运作、产品质量检测等每个环节都严格按照整合管理体系要求进行策划运作。

本公司具备成熟的生产技术，从制片到全自动成型冲切，专业生产食品包装盒、水果包装盒、蔬菜包装盒、医疗包装盒、电子包材及其他各类定制商品包装。主要材质有PET（聚对苯二甲酸类塑料）、PS（聚苯乙烯）、PP（聚丙烯）、PVC（聚氯乙烯）、ABS［丙烯腈（A）–丁二烯（B）–苯乙烯（S）共聚物，又称ABS树脂］、PLA（聚乳酸）等广泛应用于电子行业、快餐行业、超市、农场及各大水果蔬菜批发行业。

本公司以一流的产品质量和精湛的技术，贴心售后服务受到用户一致好评。产品除满足国内需要外，出口美国、澳洲、印度等其他国家。

东莞泛达塑胶制品有限公司秉承"追求卓越、客户至上"的宗旨，竭诚提供"绿色、环保、放心"的包装盒及无微不至的售后服务。

主要合作伙伴

二、包装种类

食品吸塑托盘包装：

产品经过制片，加热成型，冲切，质硬，韧性好、强度高、表面光亮、环保无毒，有透明和多种颜色的片材。食品吸塑包装目前多采用透明的PET材料，感观好，可以很清楚地看到内装食品的新鲜度和美味度。

高透明度：立体感强，产品清晰可见，有效提升产品价值感和档次。

展示性好：包装成型的产品可平放悬挂在货架上，使产品更具魅力。

储运便捷：较传统保护包装可减少包装体积，降低仓储及运输成本。

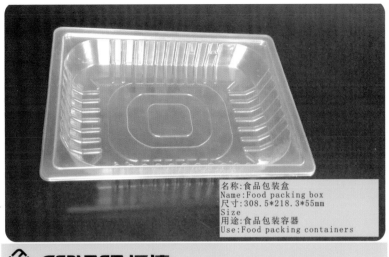

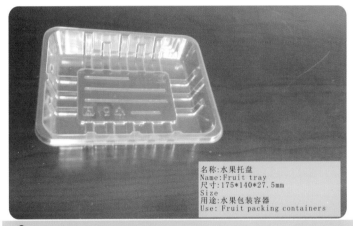

产品应用：

应用于肉类、海产、水果等高端部位产品及整产品的包装。

江苏一壶春创意茶事发展有限公司

一、企业简介

江苏一壶春创意茶事发展有限公司成立于 2001 年，专业提供茶叶品牌营销咨询服务以及从事农产品包装设计制作，是华东第一家专业提供茶品牌集成服务的智业机构，曾被评为"2013 年度中国优秀包装设计机构"是"2013 中国之星设计艺术大奖暨国家包装设计奖"战略合作机构。

公司运用"寓文化于内意，显要素于外象"的表现手法，传承文化包装，形成了"品牌文化定位＋创意包装设计＋工艺量身定制＋后期生产服务"四位一体的服务体系。通过近 20 年的专业运作和努力，形成了强大的茶叶品牌营销相关集成服务链，为众多知名茶叶品牌提供卓有成效的品牌营销咨询服务以及包装设计制作，创造了诸多经典案例。

作为长三角地区茶叶营销实战咨询的领军者，公司致力于立足行业整合服务平台，树立行业标杆，将自身打造成长三角茶叶包装服务商领导品牌。

二、典型案例介绍

（一）"得天岩红"系列国际金奖红茶

溧阳市一壶春茶业有限公司创立于 20 世纪 90 年代初，是中国茶叶流通协会常务理事单位，江苏省茶叶协会副会长单位。公司为了更好地做精一杯健康好茶，于 2014 年在世界茶叶原产地贵州省惠水县流转了 5 000 亩荒山，规划种植了近 30 个品种的新品系茶叶。这里海拔 1 380m，低纬度、高海拔、寡日照，终年冷凉云雾，昼夜温差大，茶叶内含物质积累丰富，土壤是典型的风化页岩，呈酸性，完全符合茶圣陆羽《茶经》云："好茶生烂石""阳崖阴林"生长好茶的所有立地条件。在选种选苗上面，选择了适宜该山区生长的、有野性的国内高香茶叶品种，成功研发出"得天岩红""云上高原""黔色国香"红茶。首次亮相就获得了第十二届国际名茶评比金奖，第五届茶奥会红茶组第三名的好成绩。该茶"外形紧结乌润，汤色红艳，香气花蜜甜香，滋味鲜醇浓爽（水中带密韵），叶底柔软、嫩匀、红亮"——中茶院品鉴大师赵玉香老师评语。

包装创意：大面地采用经典黑色为底，书法家夸张的茶字为版面装饰，采用镭射银卡纸印刷，"得天岩红"烫古铜色电化铝，使整个版面端庄、大气、高级、有文化底蕴，体现出低调的奢华。包装内置小泡袋，每袋 5g，采用牛皮纸铝箔袋印刷，简单古朴，环保卫生，统一了份量也就相当于统一了口感，形成了标准口感就为打好"得天岩红"品牌夯实了基础。

（二）宜兴"盛道"系列茶

公司的客户南京市农业产业化重点龙头企业——南京市溧水严景万茶场，致力于打造"新一代阳羡茶"第一品牌的"盛道茶"——宜兴市盛道茶业有限公司，还有许许多多的客户……我们每个团队成员深植精品意识于心中，为客户提供全程品牌设计咨询服务，因此每一个品牌服务，每一个项目，一壶春都要求精准定位、精彩设计、精良服务，最终实现可持续发展的双赢目的。

随着企业的发展壮大，其产品的包装对于其内容和定位的展示，具有不可替代的传播和推广作用。建立统一有序、特色鲜明的系列包装视觉风格，才能全面提升产品的竞争力和销售力。这两年的生态农产品越来越多，要求品牌设计有个性。品牌化之路是农产品在竞争中脱颖而出的利器，在打造品牌时候，包装是消费者视觉感受的第一步。但包装设计不仅仅是机械地将包装做出来，一定包含视觉包装和心理包装，一定是消费者视觉和心理的双重认同。

比如，对于来自宜兴阳羡茶产区盛道茶的系列包装，设计提取了"生态自然""企业品牌的形象元素"，融入了当地文化，用简单的线条、抽象化的图案，色彩与设计因素和谐统一，风格独特，呈现出与众不同的视觉效果。

盛道茶包装上的色彩、图案、文字的运用都进行了系统的规划和研究，材质的运用搭配也经过深思熟虑的探讨，依靠画面元素来进行调整，针对不同品类进行不同的搭配设计，绿茶类运用绿色、蓝色，红茶运用红色，白茶运用白色来表现，或清新淡雅，或热情洋溢，或质朴自然，充分考虑到消费者的习俗和欣赏习惯，也考虑到商品的品种、特性的不同，融合品牌，做到相似不相同。这样既体现了茶叶品牌的系列化，又区分了不同的茶叶品种，给人一种和谐美观的感觉。环保的特种纸张，配以烫金、UV 等现代印制工艺的合理运用，能在众多商品中夺目而出，富有竞争力。

"盛道寿眉"

"盛道雪芽"

"盛道白茶"

"盛道金毫"

三、包装设计创意的体会

作为茶叶产品，更注重的是一种品牌理念。好的品牌理念，给人的感觉是深刻而强烈的，创立品牌文化，是吸引顾客和促进销售的一种强有力的手段。品牌理念可以加深消费者对商品的印象，当消费者产生需求时，可以考虑到品牌，从而达到促进销售的目的。所以对茶产品的品牌元素整体进行优化，确立良好的品牌定位，对产品销售极其有利。

农产品包装要怎样才能做到吸引人的眼球？

从品牌 IP 或 LOGO 中提取设计元素。在包装设计上运用 IP 讨喜的形象是不错的选择，让人一目了然，简洁大方。

从产品内容或视觉上增强其包装的仪式感。为普通而大众的产品增加一些特别的仪式感，使农产品也有了自己存在的另一种价值，提高自身的附加值，也可给予消费者心理上的满足。

以产地特色为设计元素，具有鲜明的地域特征。有些产品，因产地不同品质会有不同，农产品尤甚。从产地提炼特色元素来设计包装，结合该产地地区不同文化的图案和颜色而进行设计，具有非常浓郁的文化特色，会让产品包装更具有辨识度。

增加包装的趣味性和便携性。创意性的包装，并非是一味天马行空而不考虑实用性。从"实用性"的角度出发，有时候也能创造出意想不到的好包装。在包装的实用性基础上提高其趣味性，更能够形成产品差异化，也让消费者耳目一新。

企业之五　河南省卫群科技发展有限公司

一、企业简介

河南省卫群科技发展有限公司是一家将设计、开发、生产、销售集成一体的省级高新技术企业，公司成立于 2002 年 9 月，位于河南省郑州市。10 多年来，凭借专注于全息技术与多种防伪技术的综合应用，以及在标签制作领域的专业水平和成熟的工艺技术，在标签行业得以迅速发展壮大。

依靠创新求发展，满足客户不同的需求是企业始终不变的追求。在不断尝试并吸取先进工艺和技术的基础上，公司逐年引进先进实用的生产设备，具备了完整的全息产品制作工艺，建成了数十条标签生产线，形成了 60 亿枚标签和 500t 全息材料的年生产能力。专业生产的全息包装材料、防伪营销溯源标签、密码覆盖标签等多类产品，广泛应用于食盐、医药、烟草、酒、农药、智能卡、快销品等多个行业。近年来开发的一物一码的营销溯源防伪标签，为每一件产品附上唯一的身份证明，从而达成商家和消费者的溯源、防伪、营销目标。

二、公司产品介绍

标签通常是用来标明物品的品名、重量、成分、用途等信息的印刷品。有传统的印刷类标签和实时打印的标签。按其具体形式分为背面自带胶的和不带胶的，有胶的标签通俗的称为"不干胶标签"。标签制作的选材，通常是根据产品的特性、包装的要求来选定，常用的材料类型有铜版纸、PVC（聚氯乙烯）、OPP（聚丙烯）、PET（聚脂）、合成纸、易碎纸等材料。随着信息技术的发展和物联网技术的广泛应用，标签在原有功能的基础上，又增添了防伪、营销和溯源的功能。接下来通过几个标签实例，对标签在防伪、营销、溯源方面的实际应用做简单了解。

（一）食盐标签——软包装袋应用

名称：食盐标码合一防伪溯源标识

材质：PET

应用方式：自动贴标，内贴、复合

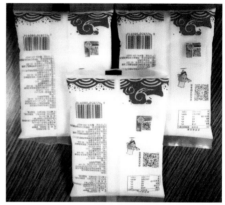

特点：本产品采用全息工艺与可变信息印刷技术结合而成。其中包含有浮雕、微缩、动态沙银、透镜、激光再现等全息工艺要素，定位印刷由加密算法生成的可变二维码、可变数字码，标签加贴在两层膜的中间，无法重复使用，安全等级高。由于每个标签上的二维码均是唯一，且在包装前已加贴完成，因此可在包装时实时关联生产信息，从而实现产品多级包装的追溯需求。

标签采用自动贴标方式完成，可与现有生产模式有效结合，满足生产效率需求。

该标签适用于塑料软包装袋子包装方式的所有产品。

（二）瓶盖标签——矿泉水、食用油应用

名称：阿尔山营销防伪溯源矿泉水盖标

材质：PET

应用方式：自动贴标

特点：本产品采用全息工艺与可变信息印刷技术结合而成。其中包含了动态彩色、高亮文字、沙银、烧白等全息工艺要素，对位印刷由加密算法生成的可变二维码，标签加贴在盖子表面，打开盖子从盖内扫码，标签材料为一次性，揭启破坏，无法重复使用，安全等级高。每个标签上的二维码均是唯一，可在使用时批量关联生产信息，从而实现产品营销、溯源的需求。

标签采用自动贴标方式完成，可与现有生产模式有效结合，满足生产效率需求。

目前应用的产品有：恒大冰泉、阿尔山矿泉水、阿尔卑斯矿泉水、福临门食用油等。

该标签适用于瓶类包装方式的所有产品。

（三）甜瓜标签——套袋应用

名称：甜瓜溯源标签

材质：PET

应用方式：人工贴标

特点：本产品采用全息工艺与可变信息印刷技术结合而成。其中包含动态光栅、微缩、烧白等全息工艺要素，定位套准印刷，赋彩色可变二维码、可变数字码，二维码、数字码均为加密算法生成，安全等级高。由于每个标签上的二维码、数字码均是唯一，加贴后可实时关联生产信息，从而实现对单一产品信息的追溯查询，同时也可以适应商家营销、防伪方面的需求。

材料选用 PET 薄膜，结合先进的数码印刷技术，可满足产品防水、不褪色、耐用等室外环境的使用条件。

该标签适用于裸装、套袋包装方式的所有产品。

（四）大闸蟹标签

名称：京东生鲜标签

材质：合成纸

应用方式：人工贴标

特点：本产品采用合成纸材料，防水性能好，标面特殊处理后，印刷图文更具耐磨性，粘贴便捷。可变二维码由加密算法生成，安全等级高。一标一码既可以实现消费者对单一产品信息的追溯查询，也可达成商家营销、防伪的目的。

（五）二维码全息定位烫标——烟包（芙蓉王）

名称：二维码全息定位烫标签
材质：PET
应用方式：自动烫印转移

特点：本产品采用全息工艺与可变信息印刷技术结合而成。其中包含动态光栅、微缩等全息工艺要素，定位套准印刷，赋专色可变二维码，二维码为加密算法生成，安全等级高。由于每个标签上的二维码的唯一性，包装过程中实时关联生产信息，一物一码，从而实现对单一产品信息的追溯查询，同时也可以满足商家防伪方面的需求。

该标签适用于纸盒类包装方式的所有产品。全息工艺除了防伪功效之外，也对整个包装装潢可以起到锦上添花的作用，二维码专色的选用，可以使得整个标签与包装物的印刷完美融合。

（六）易碎标——封口应用

名称：京东易碎溯源封口标签

材质：易碎纸

应用方式：人工、自动贴标

特点：本产品采用易碎材料，面材断裂强度远低于胶黏剂黏合能力，可以防止标签粘贴后的完整剥离和二次利用，一撕即烂且无法复原。增加了产品的安全性和独特性，可以有效避免损失和纠纷的发生。印刷底层采用素面光栅全息工艺处理，增加了标签的整体视感冲击力。赋彩色可变二维码、可变数字码，二维码、数字码均为加密

算法生成，安全等级高。由于每个标签上的二维码、数字码均是唯一，加贴后可实时关联生产信息，从而实现对单一产品信息的追溯查询，同时也可以实现商家营销、防伪方面的需求。

该标签适用于任何有封口安全需求的物品包装方式。

（七）九牧——物流防伪应用

名称：九牧标签

材质：铜板纸不干胶

应用方式：人工贴标

特点：该产品在描述商品基本信息外，还增加了物流条码、可变二维码、防伪验证码。一标一码的物流条码可以帮助商家对商品流通过程进行追溯，一标一码的可变二维码和防伪验证码，可以帮助消费者实现对商品的真伪查询。

（八）饮料标——个性化

名称：饮料瓶贴标签

材质：珠光膜

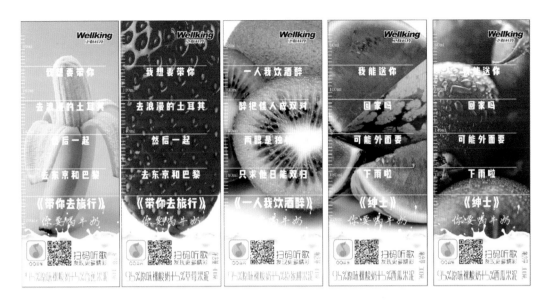

应用方式：自动贴标

特点：该产品在描述商品基本信息外，采用数码印刷工艺，实现了每一枚标签上的图案、文字信息的个性化。丰富的图案、文字表现，帮助商品在陈列时，可以更多地吸引消费者的关注，增加消费者购买欲。目前市场上的代表应用有"江小白"酒、"农夫山泉"故宫款、"可口可乐"世界杯款等。

企业之六　青岛泰聚恒新材料科技有限公司

一、企业简介

青岛泰聚恒新材料科技有限公司是一家科研、设计、生产、销售集成一体的高新技术企业。

公司成立于 2006 年 6 月，凭借在塑料包材领域的专业水平和成熟的技术，在塑料包装行业中迅速崛起。依靠着科技发展，不断为客户提供满意的高新产品包装是企业始终不变的追求。

在充分吸取国内外先进技术基础上，公司引进国内外数十条自动生产线，专业生产食品包装盒、水果包装盒、蔬菜包装盒、医疗包装盒及其他各类定制商品包装。主要材质有 PET（聚对苯二甲酸类塑料）、PS（聚苯乙烯）、PP（聚丙烯）、PVC（聚氯乙烯）、ABS［丙烯腈（A）- 丁二烯（B）- 苯乙烯（S）共聚物，又称 ABS 树脂］、PLA（聚乳酸）等广泛应用于快餐行业、超市、农场及各大水果蔬菜批发商。

本公司以一流的产品质量和精湛的技术，贴心售后服务受到用户一致好评。产品除满足国内需要外，大量出口美加、澳洲等发达国家。

今天青岛泰聚恒新材料科技有限公司秉承"质量为生命，客户为上帝"的宗旨，竭诚提供"绿色、环保、放心"的包装盒及无微不至的售后服务。

主要合作伙伴:

二、生鲜包装种类

(一)贴体包装

贴体包装就是把透明的塑料薄膜加热到软化程度,然后覆盖在衬有纸板的商品上,从下面抽真空,使加热软化的塑料薄膜按商品的形状黏附在其表面,同时也粘在承载商品的纸板上,冷却成型后成为一种新颖的包装物体。

1.产品优点

形态独特:将产品束紧于胶膜与底板之间,产品不论形状、大小、单一、集体组合皆可一次性密封包装成型,方便、快捷、高效、实惠。

高透明度:立体感强,产品清晰可见,有效提升产品价值感和档次。

展示性好:包装成型的产品可平放悬挂在货架上,使产品更具魅力。

储运便捷：较传统保护包装可减少包装体积，降低仓储及运输成本。

2. 产品应用

应用于家畜、家禽、海产等高端部位产品及整体产品的包装。

（二）气调包装

气调包装托盒，采用PP基材多层共挤结构，适合需要气调包装的鲜肉或肉制品、水果、蔬菜使用，配合专用的收缩防雾盖膜，更完美保护和展示产品。

1. 产品优点

高阻隔性和适度透气性：保持盒内特殊的气体交换环境，使被包装物达到更长的保质期。

高透明度：盖膜防雾透明，紧绷于盒面不影响视觉，清晰展示被包装物。

易定量：容易进行定量包装，可使用自动包装机。

易摆放：包装尺寸大小统一，摆放整齐，易于现场管理。

易展示：更薄且紧贴产品表面，提高了透明度，更完美展示产品。

2. 产品应用

应用于生鲜牛、羊、猪、鸡、鸭等畜禽肉，卤制肉品，预调理食品的小规格定量包装，特别适合在超市冷柜中进行陈列展示。

3. 趋势

拥有长货架期、可常温保存的高质量产品为市场的主流需求之一。技术性、创造性地使用优秀的包装材料，让包装保护好食品品质、保障食品安全的重要性比以往更加显著。

三、水果包装种类

（一）防雾盒包装

防雾盒，采用 PET 食品级材质，在冷藏或温差变化大的条件下，可以起到防雾、保鲜、透气的作用，无论在功能性，还是在外观上，都能将产品的优点展现出来。

1. 产品优点

稳定性好：硬度高、耐摩擦和尺寸稳定性好、磨耗小。

无毒无味：无毒无气味、抗化学药品稳定性好。

产品美观：环保透明材质，提升水果光泽与质感。

抗压性强：坚固耐用不易损坏。

卡扣牢固：卡扣紧固不脱落。

透气性强：侧面有独立透气孔，能保持水果新鲜。

2.产品应用

应用于果蔬包装，一般列于超市、水果店、果园等场所。

（二）果切盒包装

果切盒，全密封，有一分格和多分格的，多种形状，多分格的适用于装水果拼盘、干货、小水果、糖果等，质地高透，使用正负压全电脑化设备和精密铝模制作而成，成型精密，有独特的纹理。

清晰高透：质地高透、无毒无味。

质地坚韧：采用PET原料制作，质地坚韧，不易撕裂。

抗压性强：用料十足，加厚抗压，坚韧耐用。

美观耐用：成型精密，美观大方。

密封性好：紧密锁扣设计，不水漏。

（三）透明包装盒

透明水果盒，引用"植物呼吸"原理，设有多个透气孔，防止蔬果腐烂，延长保鲜，不易产生水珠，装满水果360°旋转不弹开。

透气性强：上下设有多个透气孔，开孔透气，防止蔬果闷气腐烂，延长保鲜。

牢固锁扣：自带卡扣设计，不易弹开，水果不易散落，使用方便。

抗压性好：模具生产，产品纹理清晰，加厚耐压，轻便耐磨，高透，新鲜看得见。

可贴标签：盒盖可贴标签，本店可定制。

环保卫生：食品级 PET 材质，透明度高，环保卫生，容易叠放。

随着生活水平的提高，消费者的需求也变得越来越高。同时，市场规模的扩大也意味着生产商将面对更复杂、更多样化、处在不同消费情景中，有着各自的需求和追求。继续沿用以往的包装形式，很容易被消费者视作不够贴心、不够"高端大气"，也无法让产品和品牌从同类竞争者中脱颖而出。

面对多元且高要求的消费需求，包装形式也必须不断创新，在安全、方便、易于运输、便于储存、适于携带的同时，凸显产品的特性，同时还需要节约生产成本和资源，实现多方满意。泰聚恒将不懈努力，向客户提供不一样的包装。